Jose Alonso Calvo Araya

El cultivo de la mora

Jose Alonso Calvo Araya

El cultivo de la mora

Enfermedades y plagas

Editorial Académica Española

Imprint
Any brand names and product names mentioned in this book are subject to trademark, brand or patent protection and are trademarks or registered trademarks of their respective holders. The use of brand names, product names, common names, trade names, product descriptions etc. even without a particular marking in this work is in no way to be construed to mean that such names may be regarded as unrestricted in respect of trademark and brand protection legislation and could thus be used by anyone.

Cover image: www.ingimage.com

Publisher:
Editorial Académica Española
is a trademark of
International Book Market Service Ltd., member of OmniScriptum Publishing Group
17 Meldrum Street, Beau Bassin 71504, Mauritius

Printed at: see last page
ISBN: 978-620-0-37631-2

El cultivo de la mora

Enfermedades y plagas

Johaner Rosales Flores

José Alonso Calvo Araya

El cultivo de la mora: Enfermedades y plagas

Autores
Johaner Rosales Flores
José Alonso Calvo Araya

2020

Contenido

Sobre los autores

Johaner Rosales Flores. Realizó estudios en la ECA - UNA, donde se graduó con el título de bachiller en ingeniería agronómica. En el 2012 obtuvo su Licenciatura en Ingeniería Agronómica con énfasis en Agricultura Alternativa. Desde el año 2005 se ha desempeñado como investigador en frutales no tradicionales, en el Programa de Genética Vegetal. Apasionado a la fotografía digital, ha logrado documentar los principales problemas fitosanitarios asociados al cultivo de la mora (*Rubus* spp.), en la mayor zona productora del país. Es egresado de la Maestría en Meteorología Agrícola de la Universidad de Buenos Aires, Argentina.

José Alonso Calvo Araya. Realizó estudios en la Universidad Nacional de Costa Rica, donde obtuvo en el 2011 el grado de Licenciatura en Ingeniería en Agronomía con énfasis en Agricultura Alternativa. En el año 2014 obtuvo su maestría en Protección Vegetal en la Universidad Autónoma Chapingo, México. Desde el año 2016 se ha desempeñado como académico e investigador en la Escuela de Ciencias Agrarias en la cátedra de fitopatología y diagnóstico fitosanitario.

Agradecimientos

Se expresa la más sincera gratitud a todas las personas que directa o indirectamente a lo largo de la ejecución de este proyecto, contribuyeron con aportes técnicos, logísticos, financieros y en especial a:

A la Universidad Nacional de Costa Rica, institución que nos ha brindado oportunidades para realizarnos como profesionales, ofreciéndome facilidades para llevar a cabo esta investigación.

A la Ph.D. Eugenie Phillips Rodríguez, investigadora asociada a INBio (Instituto Nacional de Biodiversidad) y al Ph.D John W. Brown, Research Entomologist (Systematic Entomology Laboratory, Washington, D. C.), por su valiosa ayuda en la identificación de los microlepidópteros.

Al Ph.D, Paul E. Hanson Snortum, Profesor Catedrático de la Escuela de Biología, por su apreciable contribución en la identificación de microhimenópteros y a la M.Sc. Lisela Moreira Carmona del CIBCM (Centro de Investigación en Biología Celular y Molecular) por la identificación del RBDV (Raspberry Bushy Dwarf Virus), ambos funcionarios de la UCR.

A los parataxónomos, curadores, especialistas y colaboradores: José Montero Ramírez, Manuel Solís Vargas, Ángel Solís Blanco, Isidro Chacón Gamboa, Carlos Víquez Núñez, Manuel Zumbado Arrieta, Bernardo Espinoza Sanabria, del INBio por su valioso aporte en la identificación de especímenes.

Al M.Sc. Guillermo Sibaja Chinchilla, Jefe del Laboratorio Central de Diagnóstico de plagas, SFE (Servicio Fitosanitario del Estado) - MAG (Ministerio de Agricultura y Ganadería) y a la Licda. Ruth León González, investigadora en entomología del INTA (Instituto Nacional de Innovación y Transferencia en Tecnología Agropecuaria), por su colaboración.

A todos los agricultores de mora que de una u otra manera apoyaron de forma generosa el desarrollo de esta obra, mis más sinceros agradecimientos, en forma especial a Miguel Ángel Mena Camacho, Didier Jiménez Hernández, Elizabeth Retana Cordero, Víctor Garita Serrano y Franco Portugués Arias, Zona de los Santos y Pérez Zeledón.

Introducción

En los últimos años, el proceso de apertura comercial y la globalización de la economía han suscitado nuevas tendencias de mercado para la explotación de frutales no tradicionales como la mora (*Rubus* spp.), cultivo que posee un gran potencial económico como alternativa de diversificación y valioso aporte nutricional a la salud ya que posee altos niveles de antioxidantes. En Costa Rica, es una actividad desarrollada por unos 1500 pequeños productores y sus familias. Las áreas de siembra se encuentran en forma dispersa, principalmente en la región central (zona de los Santos: Dota, Tarrazú, León Cortés; El Guarco; Desamparados) y en la parte sur del país (Pérez Zeledón), donde se cultivan entre 600 a 800 hectáreas (Castro y Cerdas 2005; PIMA - SIMM, 2011; CICO 2009).

El incremento en la demanda principalmente a nivel nacional, así como las exigencias del mercado han estimulado cambios en la producción; dejándose de cultivar en forma rústica y adoptándose nuevas prácticas y normativas agrícolas. Con el fin de proveer mayor cantidad, calidad e inocuidad del producto se han realizado cambios en cuanto a las áreas de siembra, manejo de la arquitectura de la planta, fertilización, sistemas de siembra (densidad, uso de plantas *in - vitro*), manejo fitosanitario y selección de plantas élites.

A pesar del progreso en el manejo agronómico de este cultivo, la información científico-tecnológica generada sobre los agentes etiológicos (artrópodos y patógenos) es insuficiente, por lo que el Programa de Genética Vegetal adscrito a la ECA - UNA, desarrolló el proyecto: "Manejo agroecológico, una alternativa para promover la producción orgánica del cultivo de la mora (*Rubus* spp.) en Costa Rica". Esta propuesta contó con el apoyo financiero del MICIT - CONICIT y la Dirección de Investigación de la UNA. Uno de los principales productos logrados en esta investigación fue la elaboración de presente guía fitosanitaria.

Este documento contiene información sobre el diagnóstico de los principales problemas fitosanitarios asociados al cultivo de la mora (*Rubus* spp.) en la región central y sur de Costa Rica, lo cual es fundamental para plantear estrategias de control integrado.

La información proporcionada en esta guía fitosanitaria se dividió en dos secciones: Insectos y enfermedades, conteniendo la identificación, sintomatología y fotografías que ilustran de forma práctica, los trastornos causados a las diferentes estructuras de la planta (raíz, tallo, hojas, flores y frutos). Adicionalmente, se aportó una tercera sección que contiene información general y fotografías de los principales nematodos fitoparásitos a este cultivo, los cuales pueden formar complejos asociados con otros patógenos ocasionando amarillamiento, enanismo y poco crecimiento radical que se traducen en pérdidas económicas.

El objetivo de esta guía es ser una herramienta que facilite a los productores, técnicos, estudiantes, académicos y público en general, la identificación de los principales organismos presentes en el campo, así como su sintomatología. Esto facilitará la toma de decisiones, en función de mejorar la producción y el manejo agroecológico de estos organismos, los cuales inciden en forma negativa en las plantaciones de mora del país.

I. INSECTOS PLAGA ASOCIADOS

Escarabajo de las frutas

Euphoria candezei Janson, 1875.

Orden: Coleoptera

Familia: Scarabaeidae

Parte afectada: fruto

Lugar donde se encontró: San Martín

Identificación

El adulto es un escarabajo de tamaño relativamente grande, de 17, 5 - 23, 2 mm de longitud y de 9, 2 - 12, 2 mm de ancho. La coloración dorsal y ventral, incluyendo el pigidio y las patas es verde vidrioso (Fig. 1). El pronoto y los élitros son lisos, con puntuaciones poco llamativas en la parte superior; mientras la parte posterior de los élitros y el pigidio tienen rugosidades onduladas características. Los machos tienen una maza antenal más voluminosa que las hembras. Las tibias anteriores presentan tres dientes externos evidentes (Solís 2004).

Síntomas

En frutos maduros o muy maduros de mora vino, específicamente de la variedad dulce, se puede observar drupas roídas (Fig. 2). Durante el día, en las plantaciones se puede escuchar un sonido muy fuerte de vuelo "que simula un abejorro". Los abejones, en algunas ocasiones aterrizan de forma torpe sobre las plantas de mora. Hay presencia de escarabajos de color verde vidrioso muy llamativos, que se alimentan de frutos de mora, en ocasiones más de uno por racimo (Fig. 3). También, se puede observar estos insectos que se alimentan de exudados de sabia (Fig. 4), producidos por los tallos de las plantas de mora que han sido roídos por abejas enredapelo (*Trigona corvina* Cockerell, 1913).

Figura 1. Apariencia general de un adulto de *Euphoria candezei*. Figura 2. Detalle de la lesión causada en un fruto de mora dulce. Figuras 3. Adultos de *E. candezei* alimentándose de frutos de mora vino. Figuras 4. Adulto de *E. candezei* alimentándose de exudados de sabia, nótese muy cerca una abeja enredapelo royendo el tallo.

Abejón de mayo

Phyllophaga menetriesi Blanchard, 1850.

Orden: Coleoptera

Familia: Scarabaeidae

Parte afectada: raíz

Localidades donde se encontró: Buena Vista, La Luchita, San Martín

Identificación

El adulto es un abejón de 16,0 - 22,0 mm de largo, de 9,0 - 11,0 mm de ancho; de color marrón oscuro a marrón - rojizo; los élitros están cubiertos de pelos blancos finos y cortos (Figs. 5 - 6). La larva pasa por tres estadios, de 35,0 - 40,0 mm de longitud, cuando está madura; es blanca cremosa en forma de "C", con una cabeza café - amarillento prominente y con mandíbulas fuertes; las patas traseras son hirsutas y están bien desarrolladas (Fig.7). La pupa es café dorado de unos 18,0 mm de largo (Coto 2000, Coto y Saunders 2003, King y Saunders 1984).

Síntomas

Las larvas del tercer estadio (Fig. 8) se alimentan de las raíces debilitando y reduciendo el rendimiento de las plantas; a menudo en parches bien definidos. El daño tiende a ser más frecuente en suelos bien drenados, cerca de pastos, plantaciones de café y sistemas productivos que contienen plantas preferidas por los escarabajos adultos (Coto 2000, Coto y Saunders 2003, King y Saunders 1984). En plantaciones de mora de menos de dos años o parcelas recién establecidas, las plantas pueden mostrar clorosis (Fig. 9), acame (Fig.10) y en algunos casos hasta la muerte cuando hay altas infestaciones de larvas (10 o más larvas por metro cuadrado).

Figuras 5 - 6. Adulto de *Phyllophaga menetriesi*. **Figura 7.** Apariencia general de una larva madura. **Figura 8.** Larvas en tercer estadio, se alimentan de las raicillas cerca de la base de la planta. **Figura 9.** Clorosis en mora vino causada por altos niveles poblacionales. **Figura 10.** Acame en mora vino causado por el ataque de las larvas.

Frailecillo

Macrodactylus sp.

Orden: Coleoptera

Familia: Scarabaeidae

Partes afectadas: raíces, follaje y frutos

Localidades donde se encontró: Buena Vista, La Luchita, La Trinidad, San Martín

Identificación

El adulto es un abejón de 10,0 - 12,0 mm de longitud, alargados, de coloración gris amarillenta, pardo dorada o pardo verdosa; el cuerpo está cubierto con pelos finos. El protórax es más largo que ancho, hexagonal y levemente convexo; los élitros son más anchos en su base que en el protórax, estrechándose posteriormente y reticulados longitudinalmente; las patas son espinosas, largas y delgadas; el pigidio es de forma obtusa y no está cubierto por los élitros (Figs. 11 - 12. La hembra es más corta y voluminosa que el macho. Solo hay una generación por año (Bushway *et al.* 2008, Coto y Saunders 2003).

Síntomas

Los adultos se alimentan generalmente del follaje joven, consumiendo el parénquima y dejando solamente las nervaduras (Fig. 13); también pueden alimentarse de flores, yemas y frutos (Fig. 14). Las larvas se alimentan de materia orgánica en descomposición y pequeñas raíces de zacates y malezas.

Figura 11. Adulto de *Macrodactylus* sp. **Figura 12.** Macho y hembra copulando. **Figura 13.** Detalle de la lesión causada en el follaje. **Figura 14.** Lesión causada en un fruto de mora vino espina roja.

Mosquita formadora de agallas de la mora

Especie no identificada.

Orden: Diptera

Familia: Cecidomyiidae

Parte afectada: follaje

Localidades donde se encontró: San Martín

Identificación

El adulto es una mosquita muy frágil, de color anaranjado; de 3,0 mm de longitud; las antenas son largas y flexibles, con segmentos en forma de cuentas; la venación de las alas es muy reducida, mostrando solo dos venas largas y notorias; las venas anteriores son más fuertes que las posteriores, a menudo cubiertas de vello fino. Las patas son largas y sin espinas tibiales (Figs. 15-16) (Gagné 1989, Nieves - Aldrey 1998, Zumbado1999). La larva es pequeña (2,5 mm), de aspecto vermiforme - aplanado, de color blanco cremoso, totalmente ápoda, con la cápsula cefálica reducida (Fig. 17) y la cutícula es de aspecto granuloso. La pupa es exarata o libre, de aspecto bastante propio, inicialmente de color blanco cremoso, tornándose luego a anaranjado; los apéndices alares son de color marrón, presenta dos estructuras en forma de "cuernos" sobre la cabeza y los ojos son de color negro (Figs. 18 - 19). La etapa de prepupa y pupa se lleva a cabo en el interior de la agalla.

Síntomas

Las larvas inducen en el haz de los foliolos, pequeñas protuberancias de color verde amarillento, que pueden tornarse de color marrón claro a tonos rojizos (Figs. 20 - 21). En el envés de las hojas, a medida que se va desarrollando esta mosquita, se puede observar un crecimiento anormal muy característico de tejido en forma de agalla, de aspecto aplanado al inicio hasta tornarse de forma esférica al final del ciclo de vida del insecto (Figs. 22 - 23). En infestaciones altas de larvas, los foliolos afectados pueden deformarse como resultado de la coalescencia y aumento de tamaño de las agallas (Fig. 24). Es frecuente observar exuvias adheridas a un pequeño agujero casi siempre a un costado de la agalla y cerca de esta una mosquita de color anaranjado y patas largas (Figs. 25 - 26).

Figuras 15 - 16. Adulto de la mosquita formadora de agallas de la mora. **Figura17.** Detalle de la larva en el último estadio. **Figura 18.** Vista ventral de la pupa, nótese los apéndices en forma de cuernos sobre la cabeza. **Figura 19.** La fase de pupa, se completa dentro de la agalla. **Figura 20.** Alta incidencia de agallas formadas en las hojas un brote de mora enana.

Figura 21. Aspecto de la lesión causada en el haz de la hoja de mora vino espina roja. **Figura 22.** Apariencia de las agallas, cuando las larvas inician la colonización del sustrato (envés de un foliolo de mora enana). **Figura 23.** Apariencia de las agallas previo a emerger el adulto. **Figura 24.** Mal formación de foliolos causada por altos niveles de infestación. **Figuras 25 - 26.** El adulto y las exuvias, son signos que se pueden observar en el campo.

Saltahojas azul de la mora

Barbinolla costarricensis Distant, 1879.

Orden: Hemiptera

Familia: Cicadellidae

Parte afectada: follaje (peciolos y nervaduras)

Localidades donde se encontró: Buena Vista, La Luchita, La Trinidad, San Martín

Identificación

El adulto se caracteriza por ser de color azul brillante con un collar de color amarillo - naranja (Figs. 27 - 28); de 5,0 - 8,0 mm de longitud; la ninfa en los primeros estadios es de color blanco (Fig. 29), mientras en el último estadio es de color blanco cremoso, posee un collar similar al del adulto y son de mayor tamaño (Fig. 30) respecto a anteriores estadios. Las tibias posteriores de la ninfa y el adulto tienen una hilera de espinas largas que es característica de esta familia (Nadkarni y Wheelwright 2000).

Síntomas

En las hojas jóvenes de mora, los adultos y las ninfas al alimentarse y succionar la savia, pueden causar un punteo pálido, amarillamiento y una distorsión en el crecimiento. Se pueden encontrar a los adultos y a las ninfas, alimentándose de las nervaduras en el envés de las hojas (Fig. 31), siendo característico observar la excreción de una sustancia viscosa "mielecilla o ligamaza", que expelen al ambiente mientras se alimentan; en ocasiones estos componentes orgánicos pueden coalescer hasta dar una apariencia húmeda sobre la hoja (Fig. 32). La ligamaza es una sustancia compuesta entre otras cosas por glucosa, fructuosa y sacarosa, que atrae a otros insectos como hormigas, abejas, avispas y moscas; además, casi siempre está asociada a una enfermedad llamada "fumagina", la cual es producida por el desarrollo de un hongo saprófito.

Figuras 27. Adulto de *Barbinolla* costarricensis. **Figura 28.** Adulto alimentándose de una nervadura. **Figura 29.** Ninfa en tercer estadio. **Figura 30.** Ninfa en último estadio. **Figura 31.** Gregarismo en adultos al alimentarse (envés de mora sin espina). **Figura 32.** Adultos y ninfas expelen secreciones azucaradas (ligamaza), mientras se alimentan de la savia.

21

Periquito

Ceresa sp. Amyot y Serville, 1843.

Orden: Hemiptera

Familia: Membracidae

Parte afectada: follaje (peciolos)

Localidades donde se encontró: Buena Vista, San Martín

Identificación

El adulto es de 6,5 - 10,2 mm de largo; la coloración es de verde a marrón rojizo; a menudo con marcas de tonos más claros. El pronoto presenta poca ornamentación y está proyectado lateralmente en forma de espinas cortas; solo los cuernos suprahumerales son prominentes (Fig. 33) (Godoy *et al.* 2006, King y Saunders 1984).

Síntomas

Los adultos se alimentan de la savia de los pecíolos de las hojas de mora (Fig. 34), lo cual puede producir estrés y acelerar el proceso de senescencia. Es característico encontrar sobre los peciolos de las hojas, donde se han alimentado, una o más lesiones de forma redondeada u ovalada, de color oscuro (Figs. 35 - 36). Al igual que el saltahojas azul, estos insectos expelen mielecilla por el ano mientras se alimentan.

Figura 33. Adulto de *Ceresa* sp., nótese los cuernos suprahumorales prominentes. **Figura 34.** Adulto alimentándose sobre el peciolo de una hoja de mora dulce. **Figura 35.** Aspecto de una lesión reciente en el peciolo. **Figura 36.** Detalle de lesiones viejas en el peciolo.

Cochinilla harinosa

Planococcus citri Risso, 1813.

Orden: Hemiptera

Familia: Pseudococcidae

Partes afectadas: follaje y fruto

Localidades donde se encontró: Buena Vista, San Martín

Identificación

La hembra adulta es áptera, de 1,6 - 3,3 mm de longitud; de color amarillo pálido a rosado grisáceo; el cuerpo es oval, plano y blando, con segmentos cubiertos por una secreción cerosa blanca de aspecto harinoso (Fig. 37). Presenta filamentos céreos cortos cónicos alrededor del margen de sus cuerpos (Fig. 38), con un par de filamentos ligeramente más largos en la parte posterior. Las antenas y patas están bien desarrolladas y son largas. La hembra deposita sus huevos cilíndricos u ovalados y de color amarillo (Fig. 39), dentro de una estructura algodonosa u ovisaco filamentoso blanco (Fig. 40), secretado de glándulas ubicadas en la cutícula. El macho es pequeño, de 1,0 mm aproximadamente, alados y presentan filamentos caudales largos. Éstos no se alimentan y sólo viven unas horas para fecundar a la hembra. La ninfa es amarillenta y muy móvil, difiere de la hembra adulta por tener una cubierta de cera y los segmentos de las antenas más finos. La ninfa masculina es similar a la hembra en los dos primeros estadios pero en el tercer estadio pasan a través de prepupa y luego de pupa inmóvil antes de convertirse en adulto (CABI 2005, Coto y Saunders 2003, Salazar *et al.* 2010).

Síntomas

Las ninfas y adultos succionan savia e inyectan toxinas causando un debilitamiento generalizado que puede conllevar hasta la muerte de las plantas. Se detectan por la presencia de insectos pequeños cubiertos por una secreción cérea de apariencia algodonosa (Fig. 39), los cuales se pueden encontrar entre la inserción de brotes jóvenes y el peciolo de las hojas (Fig. 38), entre drupas y cerca de los sépalos de frutos inmaduros (Fig. 40), entre el cáliz y el pedúnculo de frutos desarrollados (Figs. 41 - 42), e incluso hasta debajo del vestíbulo que forman las larvas del género *Phassus* (Fig. 43). La producción de sustancias azucaradas por las cochinillas puede favorecer la aparición de fumagina, que interfiere con la fotosíntesis y produce daño cosmético. La cochinilla es más prolífica en plantaciones con mucha luz (CABI 2005, Coto y Saunders 2003, Salazar *et al.* 2010). En plantaciones de mora cuando los niveles de infestación en el follaje son muy altos, se presenta clorosis generalizada, pérdida de vigor y senescencia de las plantas (Fig. 44).

Figura 37. Hembra adulta y ninfas de *Planoccocus citri* alimentándose de frutos inmaduros.
Figura 38. Hembra alimentándose entre la inserción de un brote y el peciolo de la hoja, nótese los filamentos céreos alrededor del margen del cuerpo. **Figura 39.** Detalle de huvecillos ovipositados debajo de los sépalos. **Figura 40.** Aspecto del ovisaco filamentoso, debajo del cuerpo de una hembra adulta.

Figura 41. Adultos y ninfas entre el cáliz y el pedúnculo de frutos desarrollados. **Figura 42.** Secreción cerosa, donde se esconden adultos y ninfas. **Figura 43.** Las hembras utilizan los vestíbulo de *Phassus* sp. para refugiarse y como medio de reproducción. **Figura 44.** Clorosis y senecencia de una planta de mora por altos niveles poblacionales.

Hormigas cortadoras de hojas

Acromyrmex echinatior Forel, 1899.

Orden Hymenoptera

Familia Formicidae

Partes afectadas: follaje y fruto

Localidades donde se encontró: San Martín

Identificación

Son hormigas de 3,0 - 5,5 mm de largo; el cuerpo es de color café rojizo oscuro; presentan cuatro pares de espinas dorsales en el tórax; el primer par de espinas está proyectado en sentido vertical, formando un ángulo recto, mientras las demás están proyectadas lateralmente formando un ángulo obtuso (Fig. 45). Las espinas en el centro del pronoto usualmente están ausentes, aunque ocasionalmente podrían estar presentes como pequeños tubérculos, pero nunca son espinas distintivas. La cabeza no es estrecha detrás de los ojos, con un ancho inferior o igual a 3,2 mm. Las espinas y tubérculos en general, son delgados y puntiagudos (Arguello y Gladstone 2001, Jaffé 1993, Longino 2003, San Juan 2005, Sermeño *et al*. 2005).

Síntomas

Las obreras producen defoliación haciendo cortes semicirculares en los márgenes de las hojas (Figs. 46 - 47); esto lo pueden hacer repetidamente y causar una reducción severa del follaje en poco tiempo (Figs. 48 - 49). Cuando se alimentan de los frutos maduros, se puede observar la presencia de insectos pequeños cortando y acarreando pequeñas porciones de tejido (Fig. 50); la lesión típica inicia desde la parte distal hacia la parte basal del fruto (Fig. 51), quedando las semillas expuestas en la mayoría de los casos (Fig. 52), aunque pueden acarrear todo el fruto (Fig. 53). También, se puede observar cerca de la plantación atacada, la presencia de nidos con entradas cónicas muy reducidas, poca tierra excavada en relación a otros géneros y poca actividad visible (Fig. 54). El ataque es a menudo más común cerca de áreas boscosas, matorrales densos permanentes y áreas enmalezadas (King y Saunders 1984).

Figura 45. Adulto de *Acromyrmex echinatior*. **Figura 46.** Detalle de cortes semicirculares en el follaje. **Figuras 47 - 48.** Adultos defoliando y acarreando material vegetal. **Figura 49.** Reducción severa del área foliar. **Figura 50.** Adulto acarreando pequeñas porciones del fruto.

Figuras 51. Lesión típica en frutos de mora vino espina roja. **Figura 52.** Semillas expuestas, producto de los cortes reiterados. **Figura 53.** Fruto de mora dulce cortado y acarreado casi en su totalidad. **Figura 54.** Apariencia general del nido.

Hormigas cortadoras de hojas

Acromyrmex coronatus Fabricius, 1804.

Orden: Hymenoptera

Familia: Formicidae

Partes afectadas: follaje y fruto

Localidades donde se encontró: Buena Vista

Identificación

Son hormigas de 3,5 - 6,5 mm de largo; el cuerpo es de color café rojizo claro; presentan cinco pares de espinas dorsales en el tórax, proyectadas en el mismo sentido lateral, formando un ángulo obtuso (Fig. 55). Las espinas en el centro del pronoto usualmente están presentes y son sobresalientes, aunque ocasionalmente podrían ser reducidas e incluso estar ausentes. La cabeza es estrecha detrás de los ojos; con un ancho inferior o igual a 1,7 mm; las espinas en el ángulo occipital son poco erguidas; los ojos son muy convexos (Arguello y Gladstone 2001, Jaffé 1993, Longino 2003, San Juan 2005, Sermeño *et al.* 2005).

Síntomas

Las obreras producen defoliación haciendo cortes semicirculares en los márgenes de las hojas y acarreando pequeñas porciones (Figs. 56 - 57); esto lo pueden hacer repetidamente y causar una reducción severa del follaje en poco tiempo (Fig. 58). Estos insectos también pueden cortar y acarrear pequeñas porciones de las frutas maduras (Figs. 59 - 61), dejando típicamente las semillas expuestas, hasta consumir en forma parcial o total al fruto (Fig. 62). El riesgo de ataque es a menudo más común cerca de áreas boscosas, matorrales densos permanentemente y áreas enmalezadas (King y Saunders 1984).

Figura 55. Apariencia general de *Acromyrmex coronatus*. **Figura 56.** Obreras cosechando material vegetal, nótese los cortes semicirculares del borde hacia adentro del foliolo; esta acción la repiten hasta causar defoliación severa. **Figura 57.** Adulto acarreando material vegetal. **Figura 58.** Defoliación severa en mora dulce.

Figuras 59 - 60. Adultos cortando porciones del fruto. **Figura 61.** Adulto acarreando pequeñas porciones de fruta. **Figura 62.** Fruto cortado y acarreado casi en su totalidad.

Abejas enredapelo

Trigona corvina Cockerell, 1913.

Orden: Hymenoptera

Familia: Apidae

Parte afectada: tallo

Localidades donde se encontró: Buena Vista, San Martín

Identificación

El adulto es una abeja robusta de 5,0 - 8,0 mm de longitud, de color negro brillante (Fig. 63). El cuerpo está cubierto con abundante pubescencia que oculta el integumento del escuto; las alas sobrepasan escasamente el ápice del metasoma (parte posterior del cuerpo); estos insectos no presentan aguijón. El adulto es pegajoso al tacto; presentan mandíbulas de color pardo rojizo a pardo oscuro, con cuatro dientes. La venación es reducida en las alas anteriores. Las tibias posteriores presentan uñas simples y una línea de setas gruesas a modo de peine en el margen distal (Ayala 1999, King y Saunders 1984, Roubik y Moreno 2009, Ugalde 2002).

Síntomas

Estos insectos usualmente se les encuentra colectando néctar y polen de las flores de mora, por esta razón son importantes en la polinización de los frutos (Fig. 64). Sin embargo, se puede observar adultos de *T. corvina*, royendo en diversos puntos la corteza de tallos lignificados de plantas de mora vino (Figs. 65 - 66) produciendo incisiones comúnmente redondeadas (Fig. 67) de donde emana mucha sabia (Fig. 68) de la cual se alimentan estos insectos. En algunos casos, este proceso origina protuberancias (Fig. 69) o un crecimiento anormal del tejido en forma de callo alrededor de la lesión (Fig.70. Además, producto de la masticación de la corteza, se puede favorecer el ingreso de agentes patógenos. Este comportamiento alimentario, es más frecuente observarlo durante la época seca.

Figura 63. Adulto de *Trigona corvina*. **Figura 64.** Adulto colectando néctar y polen en flor de mora. **Figura 65.** Tallo de mora roído (síntomas iniciales). **Figura 66.** Incisiones redondeadas en tallo lignificado.

Figura 67. Adultos royendo el tallo y alimentándose de la sabia. **Figura 68.** Gotas de sabia saliendo de la lesión. **Figura 69.** Apariencia general de una protuberancia (tejido endurecido). **Figura 70.** Crecimiento anormal del tejido roído, producto de la alimentación reiterada en un tallo de mora dulce.

Avispas de papel

Epipona niger Brethes, 1926.

Orden: Hymenoptera
Familia: Vespidae
Parte afectada: fruto
Localidades donde se encontró: San Martín

Identificación

El adulto es una avispa de 12,0 - 15,0 mm de longitud, con la cutícula de color negro brillante. El clípeo es bidentado; la base del abdomen es delgada y relativamente larga (Fig. 71); las antenas son de 12 segmentos en la hembra y de 13 segmentos en el macho; el borde interno de los ojos compuestos posee una inserción cerca de la base de las antenas; las antenas y las patas están cubiertas de abundantes setas blancas finas y cortas que le dan una apariencia como polvosa (Fig. 72). En posición de descanso mantienen las alas plegadas longitudinalmente (Andena *et al.* 2009).

Síntomas

En las plantaciones de mora vino, especialmente de la variedad dulce, se pueden encontrar racimos que presentan frutos maduros con drupas roídas (Figs. 73 - 74); generalmente el insecto inicia la lesión en la parte distal hacia la base del fruto (Fig. 75). Asimismo, se pueden observar avispas pequeñas de color negro brillante, con las antenas y patas de apariencia polvosa alimentándose de la pulpa de las drupas (Fig. 76).

Figuras 71 - 72. Adulto de *Epipona níger*, nótese la base del abdomen delgado y el aspecto polvoso de las antenas y patas. **Figuras 73 - 74.** Lesión causada en frutos. **Figura 75.** Adulto iniciando la lesión en la parte distal del fruto. **Figura 76.** Adulto alimentándose de un fruto de mora dulce.

Avispa guitarrera

Synoeca septentrionalis Richards, 1978.

Orden: Hymenoptera

Familia: Vespidae

Parte afectada: fruto

Localidades donde se encontró: Buena Vista

Identificación

El adulto es una avispa grande de 20,0 - 23,0 mm de longitud; el color de la cutícula es muy oscuro, casi negro (Fig. 77); con brillo azul metálico en las alas y en posición de descanso las mantienen plegadas longitudinalmente (Fig. 78). El propodeo (cuarto segmento del tórax) es fino y densamente punteado, especialmente hacia los lados. Las mandíbulas son bien desarrolladas y de color marrón (Fig. 79); el borde interno de los ojos presenta una inserción cerca de la base de las antenas (García y Gaiani 1994, Rojas 2009).

Síntomas

En las plantaciones de mora, especialmente de la variedad dulce, se pueden encontrar racimos que presentan frutos maduros parciales o completamente macerados (Figs. 80 - 81). Durante la época seca, es muy común encontrar estas avispas de gran tamaño alimentándose de la pulpa de las drupas de los frutos maduros (Figs. 82 - 84).

Figura 77. Adulto de *Synoeca septentrionalis*. **Figura 78.** Detalle del brillo azul metálico de las alas. **Figura 79.** Detalle de las mandíbulas grandes de color marrón. **Figura 80.** Fruto de mora dulce roído.

Figura 81. La lesión se es similar a la causada por otros insectos. **Figuras 82 - 84.** Adultos macerando y alimentándose frutos de mora dulce.

Gusano peludo

Amastus rumina Druce, 1906.

Orden: Lepidoptera

Familia: Arctiidae

Parte afectada: follaje

Localidades donde se encontró: La Luchita, San Martín

Identificación

El adulto es de cuerpo robusto, de 25,0 - 36,0 mm de envergadura, de color amarillo pálido; las alas anteriores no presentan ornamentaciones, aunque se puede apreciar muy claramente las venas de color marrón oscuro. La cabeza es de color amarillo pálido y en el pronoto tiene líneas horizontales de color blanco cremoso (Fig. 85). La larva presenta setas abundantes de color negro a rojizo pardo que provienen de verrugas. El último estadio larval es de 30,0 - 40 mm de longitud. El cuerpo es de color negro con presencia de bandas transversales y dos manchitas de color crema en el tórax y el segmento sétimo abdominal (Fig. 86). La larva pupa dentro de un capullo que elabora a partir de las setas del último estadio larval y seda (Fig. 87).

Síntomas

Inicialmente, se presentan hojas de ramas y tallos esqueletizadas por larvas pequeñas (menos de 10, 0 mm), que se ubican en el envés de las hojas; estas son de color negro con setas de color pardo sobre el tórax (Fig. 88). A medida que se va desarrollando las larvas, continúan causando lesiones irregulares del borde de la hoja hacia adentro; presentan abundantes setas de color rojizo pardo y negro en los primeros y últimos segmentos abdominales (Fig. 89). Es muy común encontrar larvas regordetes, solitarias y de gran tamaño, con bandas y manchitas distintivas consumiendo grandes cantidades de área foliar (Fig. 90).

Figura 85. Adulto de Amastus rumina. Figura 86. Larva en último estadio, nótese las bandas transversales y las manchas de color crema en el dorso. Figura 87. Capullo o celda pupal. Figura 88. Larva en segundo estadio. Figura 89. Larva en tercer estadio. Figura 90. Larva en último estadio, causando lesiones irregulares.

Novia de la mora

Estigmene albida Stretch, 1874.

Orden: Lepidoptera

Familia: Arctiidae

Parte afectada: follaje

Localidades donde se encontró: Buena Vista, San Martín

Identificación

El adulto es grande, de 30,0 - 45,0 mm de envergadura, de color blanco; antenas de color negro; coxas anteriores de color anaranjado y negro, fémures anteriores de color anaranjado; tibias y tarsos con bandas negras (Figs. 91 - 93); el abdomen es de color anaranjado, con bandas transversales cortas de color negro en vista dorsal, y de color blanco, con una serie de puntos laterales y sublaterales de color negro en vista ventral. El ala anterior es de color blanco, o blanco con puntos negros y rara vez un punto en el área costal hacia el ápice. El ala posterior es de color blanco, o blanco con un punto discoidal negro. Los huevos son de forma esférica, de color blanco cremoso y ovipositados en grupos uno encima de otro formando varias capas (Fig. 94). La larva en sus primeros estadios, es de color amarillo pálido con verrugas de color negro y setas largas (Fig. 95). La larva en su último estadio, es muy hirsutas, de 40,0 - 50,0 mm de longitud, color negro, con setas de color rojizo marrón en vista dorso ventral y presentan espiráculos de color blanco (Fig. 96) (Hampson 1901). La etapa de pupa se lleva a cabo dentro de una celda pupal o capullo, construida a partir de las setas del último estadio, entrelazadas y unidas con seda (Fig. 97). La pupa es de color marrón oscuro brillante y se desarrolla dentro de un capullo que teje la larva con seda y setas del último estadio larval.

Síntomas

Dentro de las plantaciones de mora, es común encontrar plantas con la presencia de larvas pequeñas (menos de 10,0 mm) ubicadas sobre el haz y el envés de los foliolos (Fig. 98), que causan esqueletizaciones parciales o totales (Figs. 99 - 100). También se pueden encontrar larvas negras, de gran tamaño y solitarias, causando lesiones irregulares del borde de los foliolos hacia adentro (Fig. 101). La incidencia de muchas larvas en los últimos estadios, produce una reducción significativa del área foliar de ramas y tallos de plantas de mora vino. A veces, se puede encontrar hembras ovipositando en el envés de los foliolos, uno o más grupos numerosos de huevos (Fig. 102).

Figura 91. Macho adulto de *Estigmene albida*. **Figura 92.** Vista dorsal de un macho adulto. **Figura 93.** Vista dorsal de un hembra adulta. **Figura 94.** Grupo de huevecillos ovipositados en el envés. **Figura 95.** Larva en estadio temprano, nótese las verrugas de color negro y las setas largas. **Figura 96.** Larva en último estadio, nótese las setas de color negro a rojizo marrón en vista dorsoventral y espiráculos de color blanco.

Figura 97. Detalle del capullo elaborado con setas del último estadio. **Figura 98.** Grupo de larvas esqueletizando una hoja de mora vino espina roja. **Figura 99.** Apariencia general de la lesión. **Figura 100.** Esqueletización total de un foliolo de mora dulce. **Figura 101.** Aspecto hirsuto de la larva en el último estadio. **Figura 102.** Hembra ovipositando en envés de foliolos de mora vino espina roja.

Polilla tigre

Halysidota schausi Rothschild, 1909.

Orden: Lepidoptera

Familia: Arctiidae

Parte afectada: follaje

Localidades donde se encontró: Buena Vista, La Luchita, La Trinidad, San Martín

Identificación

El adulto es grande, de 21,0 - 33,0 mm de envergadura, de color amarillo pálido; las alas anteriores presentan ornamentaciones en forma de bandas transversales, con áreas de color marrón oscuro limitadas por líneas de color negro hacia el centro del ala y áreas de color naranja limitadas con líneas negras hacia los extremos (Fig. 103). La cabeza es de color amarillo pálido y en el pronoto tiene líneas horizontales de colores verdeazulado y anaranjado. Los huevos son esféricos, blanquecinos y ovipositados uno al lado del otro, en un grupo de más de 300 huevos, típicamente en el envés de los foliolos (Fig. 104). La larva es hirsuta, de 20,0 - 30, 0 mm de longitud en su último estadio, de color gris con negro y presentan unos mechones de pelo extra largos de color anaranjado, cerca de la cabeza y la región caudal (Figs. 105 - 107), característicos de este género. La pupa es de color marrón oscuro brillante y se encuentra cubierta por un capullo elaborado con las setas y mechones del último estadio larval, unidos con hilos de seda (Fig. 108).

Síntomas

Presencia de huevos esféricos e hialinos en el envés de los foliolos (Fig. 104). Es posible observar larvas pequeñas (menos de 5,0 mm), oscuras, con la cabeza de color negro, saliendo de los huevos y alimentándose del corium (Fig. 109). A medida que se desarrollan, se tornan de color naranja verdoso a negro y presentan comportamiento gregario (Fig. 110), al ser perturbadas se desprenden rápidamente del follaje quedando unidas por un hilo de seda (Figs. 111 - 112). En los primeros estadios causan esqueletizadas usualmente del margen de los foliolos hacia el centro (Fig. 113), lo que semeja una especie de quema (Fig. 114). En los últimos estadios se alimentan de toda la lámina foliar causando cortes irregulares del borde hacia adentro, reduciendo significativamente el área foliar de ramas y tallos (Figs. 115 - 118).

Figura 103. Adulto de *Halysidota schausi*. **Figura 104.** Huevos ovipositados en el envés de un foliolo de mora vino espina blanca. **Figuras 105 - 107**. Último estadio, nótese los mechones de setas extra largos de color naranja. **Figura 108.** Pupa, elaborada con hilos de seda y setas del último estadio.

Figura 109. Larvas recién eclosionadas alimentándose del corium. **Figura 110.** Comportamiento gregario de las larvas mientras se alimentan. **Figuras 111 - 112.** Las larvas al ser perturbadas se desprenden del follaje, quedando unidas a la planta por un hilo de seda. **Figura 113.** Esqueletización iniciando del margen del foliolo hacia el centro. **Figura 114.** Lesiones en hojas de mora dulce, semejan una especie de quema.

Figuras 115 - 118. Larvas defoliando hojas de mora, nótese los cortes irregulares en el margen y la reducción significativa del área foliar.

Polilla corazones

Lophocampa propinqua Edwards, 1884.

Orden: Lepidoptera

Familia: Arctiidae

Parte afectada: follaje

Localidades donde se encontró: La Trinidad, San Martín

Identificación

El adulto es grande, de 20,0 - 33,0 mm de envergadura, de color amarillo pálido; las alas anteriores presentan ornamentaciones en forma de bandas transversales, con áreas de color crema limitadas por líneas de color marrón claro, con formas acorazonadas hacia la parte caudal; presentan una línea longitudinal muy visible de color marrón oscuro que inicia en el margen costal y finaliza en el margen interno; las venas están marcadas de color marrón claro; el margen interno de las alas presenta una línea de color marrón en todo el borde (Fig. 119). La cabeza es de color amarillo pálido y en vista frontal es oscura, con dos manchas pequeñas de color marrón en el mesotórax; en el tórax presenta líneas de color marrón oscuro que semejan una "V". La larva en su último estadio es muy hirsutas, de 25,0 - 35,0 mm de longitud, de color blanco amarillenta, con setas amarillas y negras en el abdomen en vista dorsal. Presenta un par de mechones extra largos de color blanco y otro par de color negro muy distintivos en el tórax y en la región posterior (Fig. 120). La pupa es de color marrón brillante, de 15, 0 - 20,0 mm de longitud y se presenta en una celda pupal distintiva, elaborada con las setas del último estadio larval, unidos con hilos de seda (Figs. 121 - 122).

Síntomas

Se presentan larvas muy pequeñas (3,0 mm aprox.) en el envés de los foliolos; son de color amarillo muy pálido, con una cabeza prominente de color negro y cubiertas por una capa muy ligera de seda blanco grisáceo (Fig. 123). Puede presentarse un gran número de larvas medianas (10, 0 - 15, 0 mm de longitud.), de color amarillo pálido, cuya cabeza es prominente de color negro, con pocas setas de color blanco cerca de la cabeza y la parte anal. Usualmente se esconden debajo de un refugio, compuesto por varios foliolos unidos con seda de color blanco grisáceo

(Figs. 124 - 126); pueden salir a alimentarse a foliolos vecinos o bien de los mismos que conforman el refugio; este procedimiento se repite a medida que crecen, defoliando comúnmente las ramas ubicada en la parte media distal de los tallos (Fig. 127), hasta reducirlos a peciolos, que típicamente quedan cubiertos de seda (Fig. 128). También se pueden encontrar larvas del último estadio, muy hirsutas y de mayor tamaño, en el haz o en el envés de las hojas, ocasionando lesiones irregulares del margen hacia adentro (Fig. 129 - 130). La incidencia numerosa de larvas de este insecto, puede provocar una reducción significativa del área foliar.

Figura 119. Adulto de *Lophocampa propinqua*. **Figura 120.** Larva en último estadio. **Figura 121.** Capullo distintivo, elaborado con hilos de seda y los penachos de pelo (setas) del último estadio. **Figura 122.** Apariencia de la Pupa. **Figura 123.** Larvitas presentes en el envés de los foliolos, típicamente cubiertas por una capa muy ligera de seda blanco grisáceo. **Figura 124.** Especie de saco de seda (refugio) que contiene gran número de larvas en estadios tempranos de desarrollo.

Figura 125. Refugio elaborado por las larvas, nótese los foliolos unidos por hilos de seda de color blanco grisáceo. **Figura 126.** Gran número de larvas, escondiéndose dentro del refugio para evitar a los depredadores. **Figura 127.** Lesión causada en la parte media - distal de ramas de mora sin espina. **Figura 128.** Los peciolos cubiertos por seda, son un signo distintivo de este tipo de larvas. **Figuras 129 - 130.** Comportamiento gregario de las larvas al alimentarse.

Enrollador de los foliolos

Especie no identificada.

Orden: Lepidoptera

Familia: Crambidae

Subfamilia: Pyraustinae

Parte afectada: follaje

Localidades donde se encontró: Buena Vista, La Luchita, San Martín

Identificación

Los adultos son de tamaño pequeño, de 12, 0 - 15, 0 mm de envergadura; los ojos son grandes y globulares; las antenas son filiformes; los palpos labiales dirigidos hacia adelante y los palpos maxilares son pequeños. Presenta epífisis en la tibia anterior. Las alas anteriores y posteriores presentan ornamentaciones en forma de pequeñas manchas transversales y pelos pequeños de color gris en todo el margen (Fig. 131). Las larvas miden de 15, 0 - 20, 0 mm de longitud en su último estadio; son de color verde pálido y tienen la cabeza de color negro - marrón con una placa esclerotizada de color negro en el protórax y cuatro manchas pequeñas redondeadas de color negro en el meso y metatórax respectivamente (Fig. 132). Para completar su ciclo de vida, este enrollador se esconde dentro del último refugio donde se convierte en crisálida protegido por las hojas enrolladas; la pupa es de color marrón y mide de 10, 0 - 15,0 mm de longitud (Fig. 133) (Bentley 2010).

Síntomas

En el haz de los foliolos de mora vino, se presentan lesiones redondeadas en forma de ventanas traslúcidas que semejan una especie de quema (Fig. 134). En el envés, esqueletizaciones delimitadas por las nervaduras, causadas por una larva de color blanco cremoso (Fig.135). También se presenta uno o más foliolos enrollados en forma de refugio que la larva construye y que cambia durante su desarrollo (Fig. 136). Dentro de esos refugios, que consisten en el foliolo enrollado o unido con hilos de seda (Fig. 137), es frecuente encontrar larvas muy esquivas, que al ser perturbadas por uno de los extremos del refugio, retroceden de forma abrupta por el otro, retorciéndose e incluso saltando al vacío. Típicamente, estas larvas se alimentan en el interior de este refugio protector, dejando dentro excremento de color negro (Fig. 137). Asimismo, se pueden encontrar dentro de estos refugios, orugas en estado de prepupa (Fig. 138).

Figura 131. Adulto del enrollador de los foliolos. **Figura 132.** Larva del enrollador de los foliolos en último estadio, nótese la placa de color negro esclerotizada sobre el protórax y las manchitas en el meso y metatórax. **Figura 133.** Pupa del enrollador de los foliolos. **Figura 134.** Lesiones redondeadas en el haz de un foliolo de mora vino espina blanca, causadas por larvas en estadios tempranos.

Figura 135. Lesiones en el envés de un foliolo de mora vino espina roja. Típicamente se presenta una larva de color blanco cremoso en estadios tempranos. **Figura 136.** Apariencia de los refugios elaborados por la larva en estadios finales, en este caso ha enrollado tres de los cinco foliolos que componen la hoja. **Figura 137.** Larva elaborando el refugio; nótese los hilos de seda con los que une el foliolo del margen hacia el centro. Además, nótese el excremento de color negro producto de la alimentación en el interior del refugio. **Figura 138.** Larva en etapa de prepupa, nótese el cambio de coloración del cuerpo.

Gusano medidor

Iridopsis pandrosos Schaus, 1912.

Orden: Lepidoptera

Familia: Geometridae

Parte afectada: follaje

Localidades donde se encontró: La Luchita, La Trinidad, San Martín

Identificación

El adulto es una polilla nocturna de tamaño mediano, de 18,0 - 23,0 mm de envergadura; el cuerpo es robusto; los ojos son grandes y globulares; las antenas son pectinadas; las alas son anchas y las mantienen en posición horizontal, con las alas posteriores visibles que son de color gris pálido a marrón claro, atravesadas por un patrón de varias líneas onduladas oscuras (Fig. 139) (Chacón y Montero 2007). La larva medidora es muy característica de la familia de los geométridos, carecen de seudopatas en la parte media del cuerpo, en su último estadio es de color verde pálido de unos 18,0 - 25,0 mm de longitud. La cabeza de la larva es de color marrón claro, con manchas y una "V" invertida de color negro en la frente (Fig. 140). Además, en el segundo segmento abdominal, presenta una verruga oscura a ambos lados del cuerpo, con una mancha oscura medial en forma de triángulo (Fig. 140). La pupa es de color marrón oscuro, lisa y de aspecto brillante, de 15, 0 mm de longitud (Fig. 141).

Síntomas

Las larvas provocan lesiones en forma de ventanas en el centro de la lámina foliar o cortes irregulares en el margen de las hojas (Fig. 142). Es común encontrar cerca de la lesión, larvas de color verde claro, que al ser perturbadas se quedan inmóviles y erectas en sus seudopatas, lo cual las hace asemejarse a una parte de la planta, asegurándose así su supervivencia (Figs. 143 - 144).

Figura 139. Adulto de *Iridopsis pandrosos*. **Figura 140.** Detalle de "V" invertida y verrugas de la larva. **Figura 141.** Apariencia de la pupa. **Figura 142.** Lesión: ventanas en foliolos de mora sin espina. **Figura 143.** Larva camuflada, fingiendo ser parte de la planta. **Figura 144.** Larva mostrando el fenómeno de cripsis al ser perturbada.

Gusano pegador

Noctuana lactifera Butler & H. Druce, 1872.

Orden: Lepidoptera

Familia: Hesperiidae

Parte afectada: follaje

Localidades donde se encontró: Buena Vista, San Martín

Identificación

Los adultos son mariposas de tamaño mediano; la longitud del ala anterior es de 18,0 - 20,0 mm; la cara dorsal de las alas anteriores es de color marrón oscuro, con contraste de manchas oscuras y en el subápice presenta tres manchas pequeñas de color crema; las alas posteriores presentan en el área media una zona clara (Fig. 145). La cabeza es más ancha que el tórax; presentan órganos sensoriales en forma de tubérculos setosos. No presenta ocelos; las bases de las antenas están muy separadas entre sí, con su ápice generalmente engrosado. La probóscide está bien desarrollada; los palpos maxilares están ausentes y los palpos labiales son ascendentes. Presentan epífisis en la tibia de la pata anterior. Los huevos son ovipositados individualmente sobre el haz de los foliolos, son de color marrón, ribeteados, diminutos (menos de 1,0 mm de diámetro) y con forma de cúpula; se tornan de color oscuro a casi negro antes de eclosionar (Fig.146). Las larvas del último estadio son de 30,0 - 40,0 mm de longitud, color verde pálido, con la cabeza casi en forma de corazón, grande, redondeada y con muchas setas (Fig.147). El integumento presenta gránulos con pequeñas manchas claras; el protórax es pequeño y separa el cuerpo de la cabeza prominente. La pupa es robusta, de color marrón oscuro brillante que en vista dorsal presenta al final de cada segmento setas pequeñas de color marrón. La etapa de pupa se desarrolla dentro del último refugio que elabora la larva (Fig.148) (Coto 1998, Greeney y Warren 2005, Chacón y Montero 2007, Janzen y Halwachs 2009, Greeney *et al.*2010).

Síntomas

En la superficie dorsal de la lámina foliar de hojas jóvenes o maduras, se observa un huevo muy pequeño (menos de 1,0 mm de diámetro), posteriormente, se presenta un corte sobre el foliolo de en forma casi redondeada u oval (Fig.146). La larva inicialmente es de color marrón claro, la cabeza es prominente y oscura, produce seda con la que dobla y pega el corte, construyendo así un refugio en forma de "caparazón" (Fig. 149). La larva utiliza este refugio hasta el tercer o cuarto estadio; posteriormente construye un refugio más grande cortando y plegando una nueva porción de otro foliolo (Fig. 150); esta acción la repite varias veces hasta pupar y emerger el adulto.

Figura 145. Adulto de *Noctuana lactifera*. **Figura 146.** Huevo diminuto y aspecto de la lesión sobre la lámina foliar. **Figura 147.** Larva en último estadio. **Figura 148.** Refugio en forma de "caparazón" del último estadio. **Figura 149.** Larva en estadios tempranos de desarrollo. **Figura 150.** Larva en tercer estadio elaborando un nuevo refugio.

Polilla fantasma de la mora

Phassus sp. Walker, 1856.

Orden: Lepidoptera

Familia: Hepialidae

Partes afectadas: tallos y ramas lignificadas

Localidades donde se encontró: Buena Vista, La Luchita, San Martín

Identificación

El adulto es una polilla crepuscular de gran tamaño, de 50,0 - 60,0 mm de envergadura; el primer par de alas es de color marrón claro con manchas irregulares de color marrón oscuro (Fig. 151), el segundo par de alas es de color marrón oscuro; tienen antenas filiformes y existe dimorfismo sexual en el tamaño corporal. Esta polilla presenta una forma de volar particular debido a que lo hacen a ras del suelo, muy rápido y en zig - zag. Los huevos son esféricos, lisos, de color blanco cremoso, muy pequeños (1,0 mm aproximadamente) (Fig. 152); la hembra los deja caer de forma errática o aleatoria conforme vuela dentro de la plantación, incluso los expulsa con mucha facilidad previo al vuelo y sin haber copulado. La larva en su último estadio puede medir entre 55,0 - 70,0 mm de longitud; es cilíndrica, de color blanco cremoso; la cabeza es prominente, redondeada y de color marrón rojizo oscuro, con una especie de placa esclerotizada sobre el protórax de color rojizo (Fig. 153). Presenta las mandíbulas bien desarrolladas. La piel es lisa, con espiráculos ovalados de color negro; las patas torácicas están segmentadas y bien desarrolladas. La pupa es de color marrón, con espinas en forma de surco aserrado que se ubican en la superficie dorsal y ventral de cada segmento del abdomen (Fig. 154). La pupación se efectúa dentro del túnel y cuando la polilla esta lista para salir, la pupa se desplaza hacia la entrada del túnel donde se lleva a cabo la ecdisis y emerge el adulto (Grehan 1979, Grehan 1987, Grehan y Rawlins 2003, Machín 1991, Moreno 1989).

Síntomas

En las plantaciones de mora, la planta que es atacada por este insecto presenta un vestíbulo o bolsón (Figs. 155 - 156) cubriendo un orificio que penetran el tallo. Estos vestíbulos se localizan típicamente cerca de la base de la planta (Fig. 157), aunque se pueden observar en la parte distal de los tallos (Fig. 158) y en puntos de contacto del tallo de mora con el tutor (Fig. 159). En ocasiones, las larvas se desarrollan dentro de tutores secos (Fig. 160), formando siempre el vestíbulo que les da protección, royendo el tallo de mora con el que está en contacto (Fig.161). El orificio es la entrada a un túnel, que al llegar a la médula cambia el sentido de barrenado hacia arriba o generalmente hacia abajo. Dentro del túnel es frecuente encontrar una larva de gran tamaño y de cabeza prominente (Fig. 162 - 163); un mismo tallo puede presentar más de un orificio, por ende, encontrarse más de una larva por tallo (Fig. 164). Cuando el insecto entra en la etapa de pupa, el vestíbulo tiende a deshidratarse y después de emerger el adulto, la exuvia queda en la entrada del túnel (Fig. 165). Las plantas con presencia de muchas larvas pueden detener el crecimiento, no emitir tallos, disminuir la producción, tornarse de color amarillento y hasta morir cuando son atacadas por patógenos como *Fusarium oxysporum*, *Erwinia* sp., *Pseudomonas* sp. y *Pantoea* sp. (Fig. 166). En las uniones de tallos con los tutores, durante la época de vientos fuertes, pueden producirse rupturas producto del debilitamiento por las lesiones.

Figura 151. Hembra de *Phassus* sp. (vista lateral). **Figura 152.** Vista frontal: nótese los huevecillos pequeños de color blanco. **Figura 153.** Detalle de la larva en el último estadio. **Figura 154.** Apariencia general de la pupa. **Figuras 155 - 156.** Vestíbulo elaborado por la larva para protegerse de los depredadores.

Figura 157. Vestíbulo en la parte basal del tallo (a 50 cm del suelo aproximadamente). **Figura 158.** Vestíbulo ubicado en la parte distal del tallo. **Figura 159.** Vestíbulo ubicado en el punto de contacto entre un tallo de mora con un tutor de poró (*Erythrina poeppigiana*), la larva se alimenta del tallo de mora. **Figura 160.** Larva en tutor seco de tora (*Montanoa guatemalensis*). **Figura 161.** Lesión en tallo de mora dulce. **Figura 162.** Tallo de mora vino espina roja atacado en la parte distal, nótese el tamaño y la cabeza prominente de la larva.

Figura 163. Detalle del túnel taladrado en la médula de un tallo de mora dulce. **Figura 164.** En un mismo tallo se puede presentar más de una larva en desarrollo. **Figura 165.** Exuvia pupal después de emerger el adulto. **Figura 166.** Apariencia de la planta atacada por varias larvas.

Polilla veloz de la mora

Phassus triangularis Edwards, 1885.

Orden: Lepidoptera

Familia: Hepialidae

Parte afectada: tallo

Localidades donde se encontró: San Martín

Identificación

El adulto es una polilla crepuscular grande, de 50, 0 - 60,0 mm de envergadura; las alas anteriores presentan una coloración compuesta por tonos de color negro, marrón claro y rosado; así como una mancha blanca conspicua de forma triangular. Tienen antenas filiformes y no se presenta dimorfismo sexual en la coloración. Esta polilla al igual que *Phassus* sp., vuelan muy rápido y en zig - zag, a ras del suelo. Igualmente, durante el vuelo y de forma errática o aleatoria, dejan caer los huevecillos dentro de la plantación. La larva en su último estadio puede medir entre 55,0 - 65,0 mm de longitud; es cilíndrica, de color marrón oscuro, con unas protuberancias circulares de color blanco cremoso en el dorso; la cabeza es prominente, redondeada y oscura, con una especie de placa esclerotizada sobre el protórax de color marrón rojizo (Fig. 167); la piel es lisa, los espiráculos son de color negro; las patas torácicas están segmentadas y bien desarrolladas. La pupa es cilíndrica, de color marrón oscuro y con pequeñas protuberancias dando apariencia de textura áspera. Al igual que *Phassus* sp., el estado de pupa se lleva a cabo dentro del túnel y próximo a salir el adulto, la pupa se desplaza hacia la entrada del túnel, donde en la mayoría de los casos, después de emerger queda colgando la exuvia sostenida por el vestíbulo (Grehan 1979, Grehan 1987, Grehan y Rawlins 2003, Machín 1991, Moreno 1989).

Síntomas

En las plantaciones de mora, se pueden encontrar plantas que presentan un orificio que penetra el tallo, muy cerca del nivel del suelo (Figs. 168 - 170), cubierto por un vestíbulo grande. Este orificio puede presentar un crecimiento anormal alrededor de la lesión (callo) y es la entrada a un túnel (Fig. 171), que al llegar a la médula cambia el sentido de barrenado, hacia arriba o típicamente hacia abajo. Dentro del túnel barrenado se presentan una larva distintiva y de gran tamaño. Las plantas con presencia de galerías disminuyen la producción, se tornan de color amarillento y hasta mueren al ser atacadas por fitopatógenos. Ocasionalmente, en presencia de vientos fuertes y terrenos muy ondulados, se puede producir ruptura de los tallos a nivel de la lesión causada por *P. triangularis* (Fig. 172).

Figura 167. Larva de *Phassus triangularis*, nótese la cabeza redondeada, la placa esclerotizada y las protuberancias de color blanco cremosas sobre el dorso. **Figuras 168 - 170.** Vestíbulos en la parte basal de tallos de *R. adenotrichos*. **Figura 171.** Orificio de entrada al túnel barrenado por la larva, nótese el engrosamiento alrededor de la lesión. **Figura 172.** Tallo de mora vino espina roja mostrando quiebre justo en la lesión.

Polilla penachos

Orgyia costarricensis Schaus, 1910.

Orden: Lepidoptera
Familia: Lymantriidae
Parte afectada: follaje
Localidades donde se encontró: Buena Vista, San Martín

Identificación

El macho adulto es una polilla nocturna, de tamaño pequeño; longitud del ala anterior de 12,0 - 14,0 mm, de color marrón claro, con ornamentación en forma de una banda irregular de color gris oscuro limitadas por líneas de color negro (Fig. 173); los ocelos están ausentes; los palpos labiales son pequeños o reducidos; las antenas de los machos son bipectinadas (Fig. 174); los ojos son grandes y globulares. Sin epífisis en la tibia de la pata anterior. La hembra es áptera, de apariencia globosa y con el abdomen lleno de huevos; de color marrón, antenas filiformes y el cuerpo cubierto de setas morrón oscuro (Fig.175). Los huevos son esféricos, lisos y de color blanco cremoso; la hembra los oviposita en masa sobre su capullo y los cubre con escamas (Fig.176). La longitud de la larva en su último estadio es de 25,0 - 35,0 mm, desde los penachos frontales hasta el penacho caudal. El cuerpo es cilíndrico, de color blanco, con el dorso de color marrón oscuro a negro. El aspecto inconfundible y particular de la larva de este género es, la presencia de cuatro penachos de setas dorsales de color blanco a gris oscuro (Fig. 177), que se originan en verrugas multisetosas, ubicados en los segmentos abdominales del uno al cuatro; además, dos largos mechones frontales de color negro en el protórax que simulan unos cuernos y un único mechón de color marrón en el extremo anal, proyectado hacia atrás que semeja un timón; asimismo, el resto del cuerpo está cubierto con abundantes setas largas de color blanco, proyectadas hacia afuera. Presenta también dos glándulas dorsales de color amarillo (Fig. 178), en el sexto y sétimo segmento abdominal, cuya función es repeler a los depredadores. La pupa es de color amarillo pálido, con setas hialinas en la parte dorsal y caudal; de 12, 0 - 15,0 mm de longitud (Fig. 179). Esta etapa se lleva a cabo dentro de un capullo elaborado con hilos de seda y la propia pilosidad de la larva, donde resaltan externamente las setas frontales de color negro que acaban en maza (Fig. 180) (Coto 1998, Monasterio y Escobés 2008, Schaus 1910).

Síntomas

En las plantas de mora, se presentan esqueletizaciones de forma circular en el haz de los foliolos (Fig. 181), realizadas por una larva pequeña de menos de 10,0 mm de longitud (Fig. 182), de color negro con amarillo y setas largas. Asimismo, se pueden hallar larvas en estadios finales de desarrollo de coloración y apariencia llamativa (Figs. 177 - 178), ubicadas en el haz o envés, ocasionando cortes irregulares del borde de los foliolos hacia adentro (Fig. 183). En la planta, también es posible encontrar dos o más foliolos pegados con hilos de seda formando una especie de refugio (Fig. 184), que alberga en su interior una pupa con setas hialinas principalmente en el dorso (Fig. 179).

Figura 173. Vista dorsal de un macho adulto de *Orgyia costarricensis*. **Figura 174.** Detalle de antenas bipectinadas del macho. **Figura 175.** Apariencia general de la hembra áptera. **Figura 176.** Gran número de huevos ovipositados por una hembra. **Figura 177.** Vista lateral de los cuatro penachos sobre el dorso de la larva. **Figura 178.** Detalle de las glándulas dorsales de la larva.

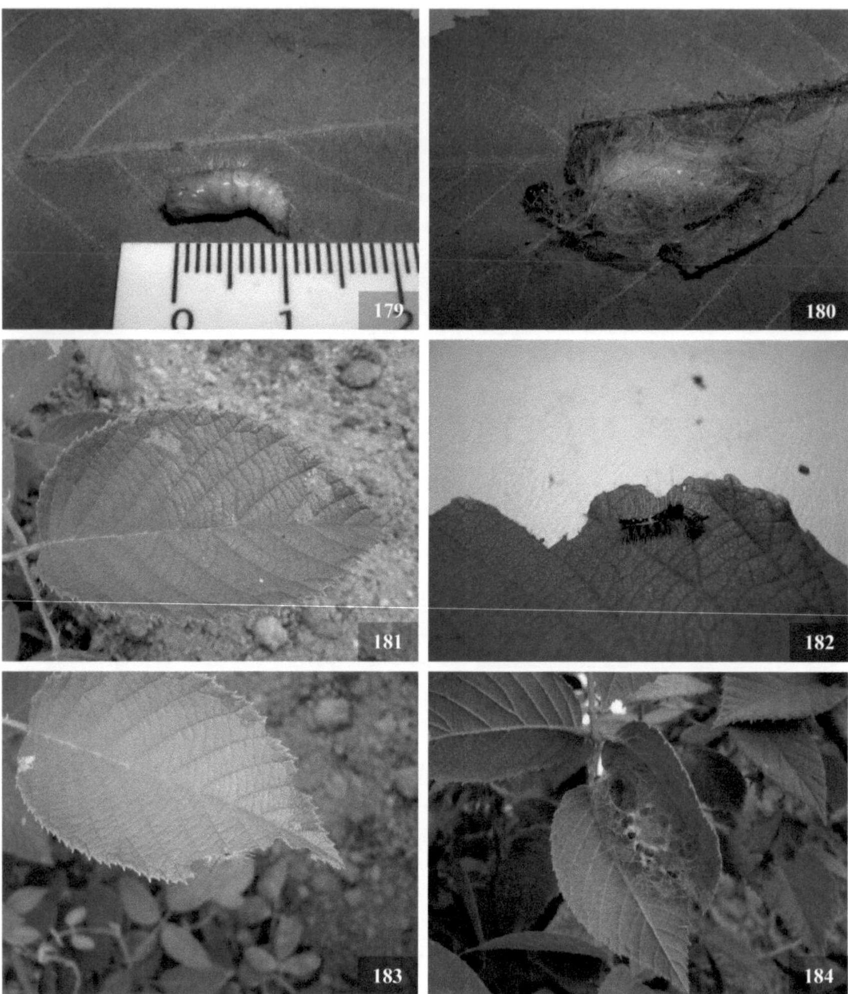

Figura 179. Detalle de la pupa, mostrando setas hialinas en el dorso. Figura 180. Detalle del capullo, sobresalen las setas frontales de color negro. Figura 181. Aspecto inicial de la lesión causada por la larva en estadios tempranos. Figura 182. Apariencia de la larva en estadios iniciales. Figura 183. Lámina defoliada irregularmente del borde hacia adentro, estadios finales. Figura 184. Apariencia del capullo sobre hojas de mora vino espina roja.

Gusano cortador variegado

Peridroma saucia Hübner, 1808.

Orden Lepidoptera

Familia Noctuidae

Parte afectada: follaje

Localidades donde se encontró: La Luchita, San Martín

Identificación

El adulto es una polilla de hábitos nocturnos, tienen una envergadura de 30,0 - 50,0 mm de longitud, las alas anteriores varían en coloración de un marrón rojizo uniforme hasta un marrón gris claro, a menudo moteado con negro y marrón, con una mancha en forma de riñón en el centro de cada una de las alas delanteras (Figs. 185 - 186); las alas posteriores son de color gris perla oscureciéndose hacia los márgenes. Los huevos son esféricos y aplanados en su polo inferior; las hembras los ovipositan de manera agregada en hileras unidas entre sí, formando una sola capa en el envés de las hojas. Recién ovipositados son de color blanco cremoso y próximos a eclosionar se tornan de color negro (Fig. 187). Las larvas de estadios avanzados tienen el tegumento de textura lisa, espiráculos de color negro y su coloración varía de gris pálido a marrón moteado, manchado con rojo y amarillo, con una línea media dorsal quebrada en una sucesión de manchas o rayas pálidas (Figs. 188 - 190) lo que las asemeja al medio en el que viven. La larva en el último estadio es de 40,0 - 50,0 mm de longitud; en vista dorsal presenta una mancha de color negro característica en forma de "W" (Fig. 191), el último segmento del abdomen es romo y presenta líneas subespiraculares amarillas o de color naranja; ventralmente son pálidas y la cabeza es de color marrón claro. La pupa es de color marrón rojizo brillante (Fig. 192), este estado lo completa en una cámara pupal, el cual la larva construye previamente con hilos de seda y partículas de suelo, después de enterrarse de uno a diez cm. (King y Saunders 1984; Moreno y Serna 2006).

Síntomas

Es posible encontrar en el envés de los foliolos, grupos de huevos esféricos ovipositados de manera agregada (Fig. 193) y larvas muy pequeñas (menos de 5,0 mm) con la cabeza y las patas torácicas de color negro y los pináculos largos y prominentes que la dan una apariencia hirsuta, alimentándose del corium (Fig. 194). En los primeros estadios su alimentación se evidencia como un raspado en la hoja y su actividad es esencialmente diurna. A medida que se van desarrollando, su comportamiento varía, volviéndose de hábitos principalmente nocturnos y se alimentan preferiblemente del parénquima del follaje joven, dejando solo las nervaduras (Fig. 195). También se pueden presentar larvas variegadas en las partes bajas de la planta, en restos vegetales o enterradas a pocos centímetros del suelo, que al ser perturbadas se enrollan en forma de espiral (Fig. 196); asimismo, se pueden localizar pupas de color marrón rojizo brillante, enterradas a pocos centímetros de la superficie del suelo y cerca de las plantas de mora.

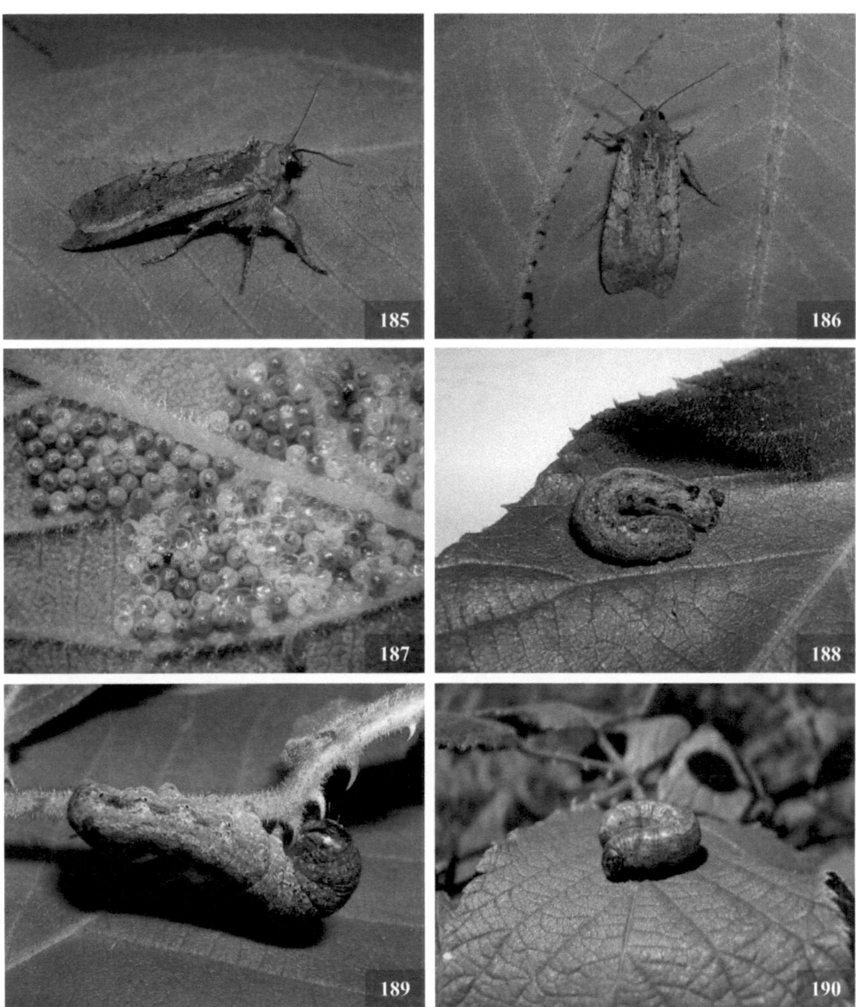

Figuras 185 - 186. Adulto de *Peridroma saucia*. **Figura187.** Detalle de huevecillos y larvas al momento de la eclosión. **Figuras 188 - 190.** Larvas de *P. Saucia* en estadios avanzados, nótese la variación de colores (variegado).

Figura 191. Larva iniciando metamorfosis; nótese una especie de "w" en vista dorsal. **Figura 192.** Detalle de la pupa. **Figura 193.** Huevos y larvas en el envés de una hoja de mora vino espina roja. **Figura 194.** Larva en primer estadio alimentándose del corium de los huevos; nótese los pináculos largos y la cabeza de color negro. **Figura195.** Lesión causada sobre el follaje de *R. adenotrichos*. **Figura 196.** Las larvas al ser perturbadas se enrollan en forma espiral.

Oruga críptica de la mora

Dicentria hidalgonis Schaus, 1920.

Orden: Lepidoptera

Familia: Notodontidae

Parte afectada: follaje

Localidades donde se encontró: La Trinidad, San Martín

Identificación

El adulto es una polilla nocturna, de tamaño mediano; la longitud del ala anterior es de 18,0 - 22,0 mm, con un diseño en la cara dorsal que consiste en manchas y líneas irregulares de color marrón, verde oscuro y grisáceo (Fig. 197); las antenas de los machos son bipectinadas, presenta epífisis en la tibia de la pata anterior (Chacón y Montero 2007; Coto 1998). Los huevos son muy pequeños (1,0 mm), esféricos y de aspecto hialino (Fig. 198), la hembra los oviposita en el envés y hacia el borde de la lámina foliar. Las larvas del último estadio miden de 25,0 - 35,0 mm de longitud, tienen el abdomen y la cabeza de color grisáceo, con manchas de color marrón oscuro en vista dorsal; el pronoto y los segmentos abdominales del siete a diez del cuerpo, son de color verde claro (Fig. 199). La cabeza tiene apariencia acorazonada; el cuerpo presenta tubérculos, con setas abdominales en chalazas (Figs. 200 - 201). En la etapa de prepupa, la larva deja de comer, no se mueve y cambia de coloración (Fig. 202). La pupa es de color marrón oscuro brillante, de 18, 0 - 20,0 mm de longitud (Fig. 203).

Síntomas

Presencia de larvas pequeñas de apariencia anillada, con setas largas hialinas y cuerpo de color que varía entre una combinación de marrón, verde olivo y blanco cremoso en vista dorsal, esqueletizando el envés de la hoja (Fig. 204). Al inicio, las orugas ocasionan esqueletizaciones traslúcidas, delimitadas por las nervaduras y de consistencia papelosa, pero a medida que crecen se alimentan de casi todo el foliolo, produciendo ventanas y cortes irregulares del margen de la hoja hacia adentro (Fig. 205). La larva presenta el fenómeno de cripsis, es decir, se asemeja mucho al entorno donde se encuentra, específicamente se camufla con la lesión que causa (Fig. 206).

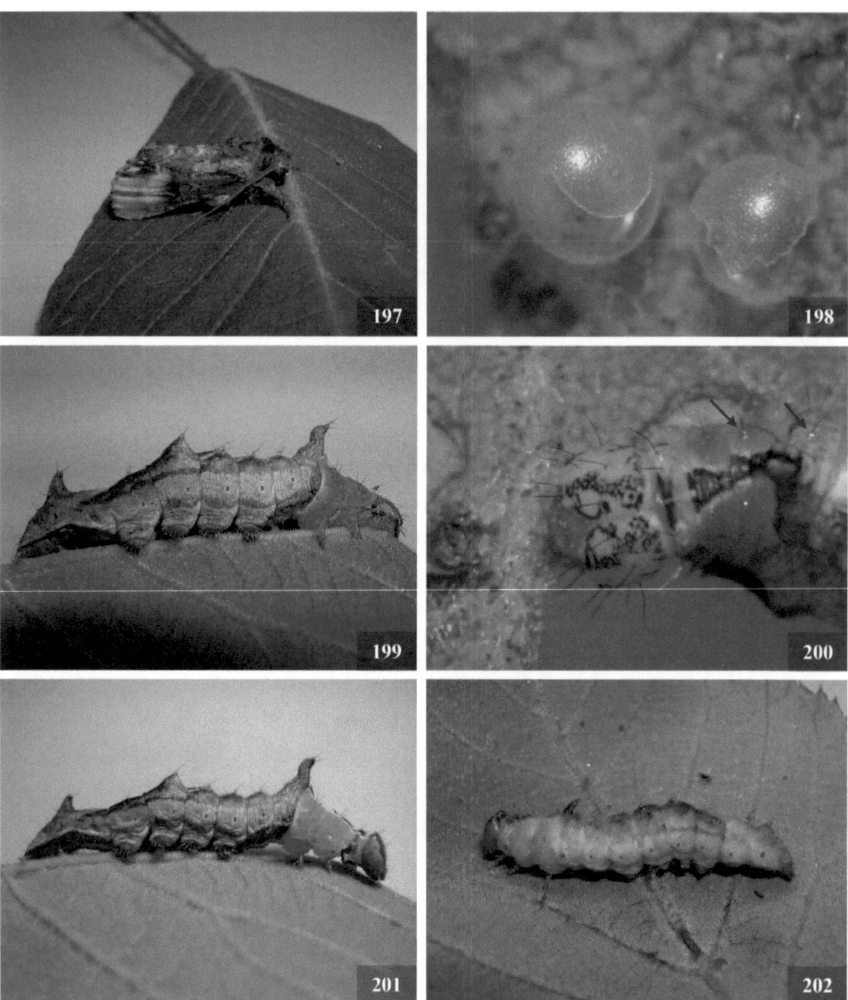

Figura 197. Adulto de *Dicentria hidalgonis*. **Figura 198.** Huevecillos traslúcidos, en el envés de las hojas de mora vino espina roja. **Figura 199.** Larva de en último estadio. **Figura 200.** Detalle de setas en chalazas de la larva. **Figura 201.** Vista lateral: detalle de las protuberancias prominentes en el dorso. **Figura 202.** Larva iniciando metamorfosis (estado de prepupa).

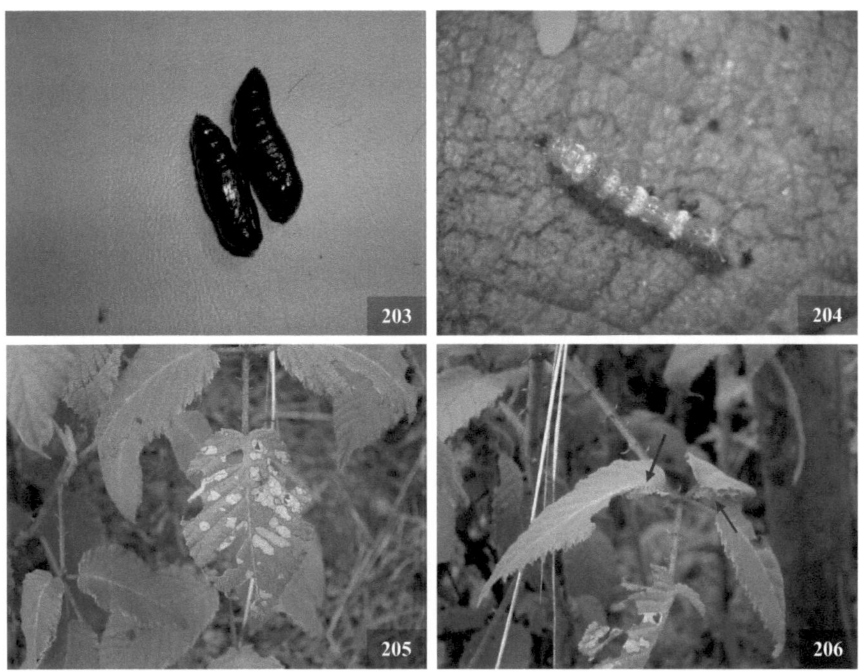

Figura 203. Apariencia de las pupas. **Figura 204.** Larva de aspecto anillado en estadio inicial. **Figura 205.** Lesión de apariencia papelosa sobre un foliolo de mora vino espina roja. **Figura 206.** Larvas camufladas con las lesiones que causan en foliolos.

Perforador del fruto de mora

Stenoma sp.

Orden: Lepidoptera

Familia: Oecophoridae

Parte afectada: fruto

Localidades donde se encontró: San Martín

Identificación

El adulto es una polilla muy pequeña; la longitud del ala anterior es de 7,0 - 10,0 mm; la cara dorsal de las alas es de color marrón claro, con manchas oscuras; en posición de descanso presentan una postura típica con las alas anteriores plegadas hacia atrás; las antenas son filiformes; los ojos son globulares y grandes. Los palpos labiales son prominentes y proyectados hacia el frente (Figs. 207 - 208). La larva presenta patas torácicas bien desarrolladas, con el escudo protorácico de color marrón claro. En su último estadio es de 10,0 - 15,0 mm de longitud y es de color rojizo. La pupa es de color marrón y con dos líneas transversales de tubérculos en forma de espinas, en cada segmento del abdomen (Fig. 209). En condiciones de cría, la larva del último estadio sale del fruto y elabora un refugio, uniendo tejido vegetal con hilos de seda, donde completa su ciclo de vida (Fig. 210).

Síntomas

Es muy difícil detectar síntomas o signos de este insecto por ser muy pequeño; sin embargo, en frutos con un estado de madurez intermedia (color rosado intenso), se puede presentar la altura del pedúnculo (Fig. 211) un orificio muy pequeño de entrada a un túnel que conduce a la galería, donde se encuentra una larva de color rojizo, alimentándose en el centro de la polidrupa (Fig. 212). En frutos más desarrollos, esporádicamente se puede observar de forma muy leve en la entrada del túnel, la presencia de seda con desechos alimenticios muy pequeños.

Figura 207. Adulto de *Stenoma* sp. **Figura 208.** Detalle de palpos prominentes del adulto. **Figuras 209 - 210.** Detalle de la pupa, nótese los tubérculos transversales en el dorso. **Figura 211.** Orificio muy pequeño de entrada a la galería causado por larva de *Stenoma* sp. **Figura 212.** Larva barrenando el receptáculo de un fruto de *R. adenotrichos*.

Polilla cebra de la mora

Lichnoptera illudens Walker, 1856.

Orden: Lepidoptera

Familia: Pantheidae

Parte afectada: follaje

Localidades donde se encontró: Buena Vista, San Martín

Identificación

El adulto es una polilla grande de 22,0 - 33,0 mm de envergadura, de color blanco; las alas anteriores presentan ornamentaciones en forma de manchas transversales oscuras limitadas por aéreas blancas; hacia su margen posterior presentan líneas onduladas de color negro (Figs. 213 - 215). La cabeza es de color blanco; las antenas son filiformes blancas en la base y negras hacia el ápice; en el pronoto tienen manchas transversales de color negro. La larva en su último estadio es robusta, con la cabeza prominente, hirsuta, de 45,0 - 55,0 mm de longitud; presenta espiráculos de color crema; el dorso es de color negro, con áreas de color marrón y un moteado de manchas de color amarillo pálido; las setas en las chalazas son de color blanco cremoso (Figs. 216 - 218). La pupa es robusta, de color marrón rojizo brillante, y se desarrolla dentro de un capullo muy denso que la larva elabora con hilos de seda y setas del último estadio (Figs. 219 - 220). (Chacón y Montero 2007).

Síntomas

En las plantas se encuentran larvas de color negro con blanco, hirsutas, de 10, 0 mm de longitud aproximadamente, que al alimentarse realizan cortes irregulares en forma de ventanas en la región apical de los foliolos (Fig. 221). Las larvas de estadios intermedios elaboran un refugio característico, al doblar un foliolo en forma de envoltura y bordearlo con hilos de seda de color blanco sobre otro foliolo, formando una especie de caparazón (Fig. 222); en el interior se encuentra una larva robusta con la cabeza prominente de color morrón rojiza a marrón oscuro y setas en el dorso de color blanco (Fig. 223). Casi siempre, los foliolos próximos al refugio son defoliados de forma irregular del borde hacia adentro (Fig. 224). También se pueden encontrar un capullo de color marrón unido a una hoja, el cual contiene la pupa en desarrollo. (Fig. 220)

Figura 213 -215. Adulto de *Lichnoptera illudens*. **Figura 216.** Apariencia general de la larva en último estadio. **Figura 217.** Detalle de la cabeza prominente de color marrón rojizo. **Figura 218.** Vista lateral de larva en último estadio.

Figura 219. Detalle de la pupa, resalta la capsula cefálica dentro del capullo. **Figura 220.** Capullo de seda muy denso elaborado por la larva. **Figura 221.** Larva en estadio inicial, nótese las ventanas que produce al alimentarse. **Figura 222.** Refugio, nótese los hilos de seda de color blanco que lo rodean. **Figura 223.** Detalle de la larva dentro del refugio. **Figura 224.** Lesión irregular causada por la larva en el último estadio.

Gusano rayador de la mora

Schreckenstinia sp.

Orden: Lepidoptera
Familia: Schreckensteiniidae
Parte afectada: follaje
Localidades donde se encontró: Buena Vista, La Luchita, La Trinidad, San Martín

Identificación

El adulto es una polilla muy pequeña, de unos 5,0 mm de longitud, de color negro plateado, con una envergadura de 10,0 - 12,0 mm. Las tibias posteriores presentan espinas duras muy características en el margen superior (Fig. 225). Tienen una postura de descanso muy particular, con el tercer par de patas proyectadas hacia atrás y hacia arriba en un ángulo de 45 - 60 grados aproximadamente por encima de las alas (Fig. 226); las alas posteriores son lanceoladas con un borde muy largo. Las antenas de los machos suelen ser como hilos con pelos diminutos. Los huevos son muy pequeños (menos de 0,5 mm), elipsoidales y de color blanco. La hembra los oviposita de manera individual en el haz de uno o más foliolos, independientemente que haya posturas previas y larvas en desarrollo (Fig. 227). La larva en los primeros estadios es de color blanco cremoso (Fig. 228), a medida que se va desarrollando se torna de color verde claro (Figs.229); en su último estadio mide entre 4,0 - 5,0 mm de longitud (Fig. 230); tienen las seudopatas inusualmente delgadas; las setas dorsales son de color blanco y están ubicadas en chalazas. La pupa es muy pequeña (menos de 5,0 mm de longitud), de color verde claro al inicio, tornándose marrón próximo a emerger el adulto; este estado se desarrolla dentro de un capullo elipsoidal muy particular con apariencia de velo, que la larva elabora con hilos de seda hialinos (Fig. 231) (Scudder y Canning 2007).

Síntomas

Las plantas de mora presentan hojas con esqueletizaciones en forma de serpentina, consistentes en una especie de raspado de apariencia papelosa (Fig. 232); también muestran ventanas traslúcidas que pueden coalescer y formar áreas de mayor tamaño e incluso rasgarse por otros efectos como el viento (Fig. 233). Es común encontrar cerca de las lesiones larvas muy pequeñas

(5,0 mm o menos) de color blanco cremoso a verde claro, que pueden estar solas o en grupos, distribuidas principalmente en el envés, cerca de las nervaduras de los foliolos y alimentándose del parénquima; por esta razón es frecuente encontrar en un mismo foliolo individuos en diferentes estados de desarrollo (Fig. 234). Cuando los niveles de infestación superan cuatro larvas por foliolo, la lámina fotosintética se deseca y se torna de color marrón hasta semejar una especie de quema en todo el follaje de la planta (Figs. 235 -236); estos síntomas son más frecuentes en plantas recién establecidas o de porte pequeño como es el caso de la mora vino variante enana. En las plantaciones es posible observar polillas muy pequeñas de color negro plateado, que realizan vuelos cortos entre plantas o en la misma planta, casi siempre escondiéndose rápidamente en el envés de las hojas y adoptando una postura típica que muestra el tercer par de patas con espinas largas y proyectadas hacia atrás y hacia arriba (Fig. 226).

Figura 225. Adulto de *Schreckenstinia* sp., véase las espinas características del tercer par de patas. **Figura 226.** Adulto en reposo. **Figura 227.** Hembra ovipositando en *R. adenotrichos*, distíngase la larva madura en el foliolo adyacente. **Figura 228.** Larva inmadura. **Figura 229.** Larva en último estadio. **Figura 230.** Detalle del tamaño de la larva en el último estadio.

91

Figura 231. Pupa y capullo distintivo en el envés de un foliolo. **Figura 232.** Lesión típica causada por larvas. **Figura 233.** Coalescencia de esqueletizaciones. **Figura 234.** Diferentes estadios de desarrollo de larvas. **Figura 235.** Aspecto de las lesiones causadas en las hojas de *R. adenotrichos* cuando hay más de cuatro larvas por foliolo. **Figura 236.** Apariencia de una planta de mora enana altamente infestada.

Gusano canasta

Oiketicus kirbyi Guild, 1837.

Orden: Lepidoptera

Familia: Psychidae

Parte afectada: follaje

Lugar donde se encontró: Buena Vista

Identificación

La hembra adulta presenta características neoténicas (conservan características del estadio juvenil en el estadio adulto), de 30,0 - 50,0 mm de longitud, vermiformes, ápteras, de color blanco cremoso y con el aparato bucal atrofiado; poseen rudimentos de patas, alas y antenas (Fig. 237); no salen del refugio, sino que son fecundadas por el macho en el interior del mismo. La hembra antes de la cópula tiene el abdomen lleno de óvulos, esto le confiere un tamaño grande; después de la oviposición su volumen se reduce casi a la mitad, abandona la canasta y se deja caer para morir. El macho es una polilla de hábitos vespertinos a nocturnos, de color marrón; las alas anteriores son de 22,0 mm de longitud, delgadas y largas, con zonas claras y oscuras; el cuerpo y las patas están revestidos de escamas largas; el tórax es grueso y el abdomen es delgado y extensible; el aparato bucal está atrofiado y las antenas son bipectinadas (Figs. 238 - 239). Los huevos son muy pequeños (0,3 x 0,5 mm), de forma cilíndrica con aristas redondeadas, de color crema al inicio, luego anaranjados y próximos a la eclosión se tornan oscuros; durante la oviposición son depositados dentro de la última exuvia pupal (Fig. 240). La larva es cilíndrica, de 39,0 - 55,0 mm de longitud en su último estadio, con manchas negras de tamaño irregular en el tórax y la cabeza (Fig. 241); recién eclosionadas son de color amarillo y conforme crecen se tornan de color grisáceo; las hembras son de color más oscuro que el macho. La cabeza es quitinosa, con mandíbulas fuertes; el tórax presenta tres pares de patas bien desarrolladas (Fig. 242); el abdomen es segmentado con cuatro pares de seudopatas. La región anal es un segmento del cuerpo de color marrón oscuro, un poco quitinoso y también posee un par de seudopatas. (Coto y Saunders 2003; Mexzón *et al.* 2003). La pupa de la hembra mide de 35, 0 - 45,0 mm de longitud, es de coloración marrón oscuro y tiene ambos extremos redondeados, es de apariencia segmentada y no presenta señales externas de patas, antenas y otras estructuras (Fig. 243). La pupa del macho mide de 25,0 - 30,0 mm de longitud; tiene el extremo posterior puntiagudo y encorvado hacia la parte ventral y exhibe las placas que le van a dar origen a las estructuras externas (Fig. 244) (Coto y Saunders 2003; Mexzón *et al.* 2003).

Síntomas

Las larvas se alimentan de los foliolos causando orificios circulares y cortes irregulares del borde hacia adentro (Fig. 245); próximo a la lesión se encuentra un refugio suspendido por fuertes hilos de seda, compuesto por varias capas de seda, pedazos de follaje, ramitas y nervaduras (Figs. 246 - 247); en el interior se encuentra una larva robusta, con patas torácicas y mandíbulas de color negro bien desarrollas (Figs. 241 - 242). Cumplidas las etapas larvales, la oruga del último estadio fija el refugio a una rama en el estrato superior de la planta (Fig. 248) y luego invierte su posición con la cabeza hacia abajo para completar la etapa de pupa; por esta razón se pueden encontrar exuvias al final del refugio (Fig. 244), cuando emerge el macho adulto.

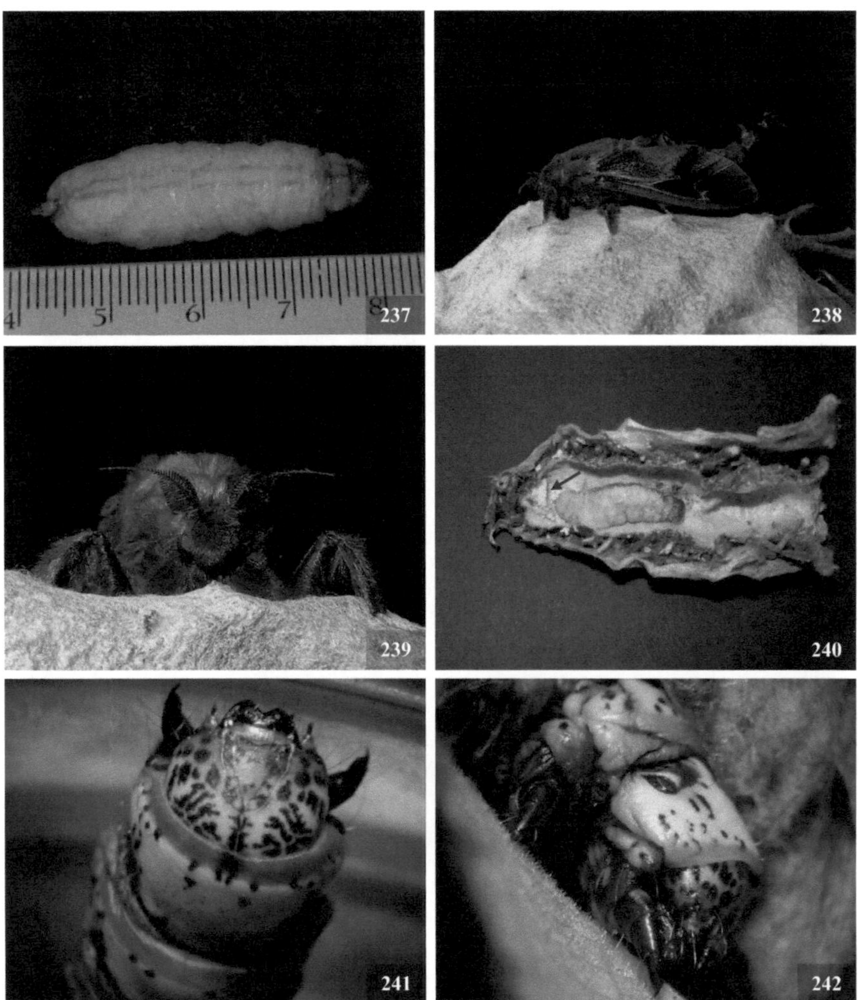

Figura 237. Vista dorsal de una hembra adulta de *Oiketicus kirbyi*, nótese la ausencia de las alas (condición áptera) y la semejanza a un estadio juvenil (neotenia). **Figura 238.** Vista lateral de un macho adulto. **Figura 239.** Detalle de las antenas bipectinadas del macho. **Figura 240.** Después de copular, las hembras ovipositan los huevos dentro del refugio. **Figura 241.** Detalle de la larva, nótese las manchas oscuras, las mandíbulas fuertes y la cabeza quitinosa. **Figura 242.** Detalle de las patas torácicas y placa esclerotizada sobre la cabeza.

Figura 243. Pupa de una hembra. **Figura 244.** Exuvia del macho al final del capullo, después de emerger el adulto. **Figura 245.** Detalle de la lesión causada en foliolos de mora vino espina roja. **Figura 246.** Refugio de la larva cerca de la lesión. **Figura 247.** Apariencia general del refugio elaborado por la larva. **Figura 248.** Refugio anclado a una rama mientras la larva completa la metamorfosis.

Barrenador verde del fruto

Amorbia eccopta Walsingham, 1913.

Orden: Lepidoptera
Familia: Tortricidae
Parte afectada: fruto
Localidades donde se encontró: San Martín

Identificación

El adulto es una polilla pequeña que en posición de reposo mantiene las alas anteriores plegadas hacia atrás y las alas posteriores ligeramente visibles en el margen costal de las anteriores, lo que semeja la silueta de una campana (Fig. 249). Las alas anteriores son de 8,5 - 11,5 mm de longitud, de color marrón claro y presentan en la cara dorsal un diseño discontinuo de manchas oscuras en el área media y posmedia (Fig. 250); los palpos labiales son más cortos que los de *A. monteverde*. La larva del último estadio mide aproximadamente 25,0 mm de longitud; la cabeza y el escudo protorácico son de color marrón, con bandas laterales de color marrón oscuro (Fig. 251) (Phillips y Powell 2007).

Síntomas

En el pedúnculo de frutas de color rosado intenso a vino, se puede observar hilos de seda de color blanquecino que rodean un orificio que penetra la fruta. Este orificio es la entrada a un túnel, donde es frecuente encontrar una larva mediana de color verde claro, que presenta bandas laterales de color marrón en la cabeza y el escudo protorácico, barrenando el interior del fruto (Fig. 252).

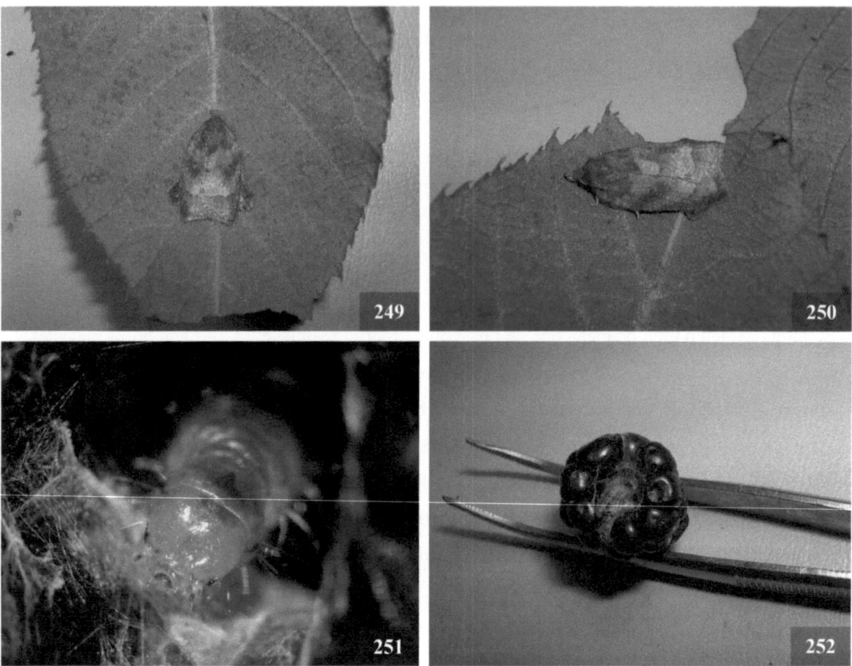

Figura 249. Adulto de *Amorbia eccopta*, nótese que semeja la forma de una campana. **Figura 250.** Diseño discontinuo de manchas oscuras en el área media y posmedia de las alas anteriores. **Figura 251.** Detalle de la cápsula cefálica, distíngase la banda lateral de color oscuro, en el escudo protorácico. **Figura 252.** Larva saliendo de la lesión que causada en el fruto de *R. adenotrichos*, nótese los hilos de seda que tapizan el orificio de entrada a la galería.

Polilla monteverde

Amorbia monteverde Phillips & Powell 2007.

Orden: Lepidoptera
Familia: Tortricidae
Partes afectadas: follaje y fruto
Localidades donde se encontró: San Martín

Identificación

El adulto es una polilla pequeña; la longitud del ala anterior es de 8,0 - 11,0 mm; la cara dorsal de las alas es de color marrón, con un jaspeado de color pardo, que la distingue de otras especies del mismo género (Fig. 253). En posición de descanso, presentan una postura particular, que semeja la silueta de una campana; las antenas son filiformes y los ojos globulares. La Larva del último estadio es de 15,0 a 20,0 mm de longitud, la cabeza es de color marrón claro con bandas laterales de color oscuro; el escudo protorácico es de color pardo con una banda de color marrón oscuro que cubre gran parte del escudo en la parte posterior (Fig. 254) (Phillips y Powell 2007).

Síntomas

Presencia de frutos con hilos de seda blanquecinos adherido al pedúnculo, cerca del orificio de entrada a la galería que construye la larva. Casi siempre se observa excremento de color rojizo a marrón (Fig. 255) y restos del tejido barrenado sobre los frutos próximos al atacado. Al partir la fruta que presenta los signos, se encuentra en su interior una larva de color verde claro, que barrena totalmente el receptáculo e incluso parte de la pulpa de las drupas (Fig. 256 - 257). La larva es muy esquiva al ser perturbada y en condiciones de cría artificial, también se alimenta del follaje, causando un raspado sobre la lámina foliar (Fig. 258).

Figura 253. Adulto de *Amorbia monteverde*. **Figura 254.** Detalle de la banda de color oscuro en el escudo protorácico de la larva. **Figura 255.** Fruto adherido con hilos de seda a una superficie, mientras la larva se alimenta en el interior, el excremento de color rojizo es un signo visible. **Figura 256 - 257.** Lesión causada por la larva a frutos de *R. adenotrichos*. **Figura 258.** Detalle de la esqueletización en el haz.

Pega - pega de la mora

Clepsis sp. Guenée, 1845.

Orden: Lepidoptera
Familia: Tortricidae
Parte afectada: follaje
Localidades donde se encontró: La Trinidad

Identificación

El adulto es una polilla de tamaño muy pequeño (menos de 10,0 mm); la longitud del ala anterior es de 7,0 - 10,0 mm; la cara dorsal de las alas anteriores es de color pardo con un patrón de manchas y líneas irregulares de color marrón característico, con un borde de pelos finos en el margen (Fig. 259); en posición de descanso semeja la forma de una campana; las antenas son filiformes; los ojos son globulares y los palpos labiales se proyectan hacia el frente. La larva en el último estadio es de color verde amarillento, de 10,0 a 15,0 mm de longitud; la cabeza es de color marrón y el escudo protorácico es de color marrón claro (Fig. 260). La pupa es de color marrón y se desarrolla en el último refugio que elabora la larva. (Razowski 1990).

Síntomas

En la parte distal de tallos primarios en desarrollo, se pueden observar dos o más foliolos unidos unos a otros con seda formando un refugio (Fig. 261), o bien, foliolos más desarrollados plegados longitudinalmente con esqueletizaciones y perforaciones irregulares, es característica la presencia de un tapizado con hilos de seda blanquecinos sobre la lámina foliar (Fig. 262); en el interior es común encontrar una larva de color verde amarillento y cabeza de color marrón alimentándose del tejido plegado (Fig. 260).

Figura 259. Adulto de *clepsis* sp. **Figura 260.** Apariencia de la larva de en el último estadio. **Figura 261.** Refugio formado con foliolos jóvenes unidos con hilos de seda. **Figura 262.** Foliolos plegados donde se refugia y alimenta la larva, nótese el tapizado sobre los foliolos con hilos de seda blanquecinos.

Palomilla de los frutos

Netechma sp. Razowski, 1992.

Orden: Lepidoptera

Familia: Tortricidae

Parte afectada: fruto

Localidades donde se encontró: San Martín

Identificación

El adulto es una polilla de tamaño muy pequeño (menos de 8,0 mm); longitud del ala anterior es de 6,0 mm; la cara dorsal de las alas anteriores es de color crema claro, con un patrón de manchas en forma de bandas de color marrón; otras manchas son irregulares (Fig. 263); presentan una postura típica de reposo con las alas plegadas hacia atrás, que genera un patrón redondeado del cuerpo; las antenas son filiformes; los ojos son globulares y los palpos labiales están proyectados hacia el frente. La larva en el último estadio mide de 8,0 -12,0 mm de longitud; la cabeza y el escudo protorácico son de color oscuro (Razowski 1990).

Síntomas

Los frutos de madurez intermedia, normalmente debajo de los sépalos, presentan lesiones muy pequeñas en forma de orificios (Fig. 264), que son la entrada a un túnel que conduce al centro de la polidrupa. Ocasionalmente, se puede observar una larva muy pequeña de color rojizo (Fig. 265) penetrando cerca de la base de una drupa en el pedúnculo del fruto; a medida que este insecto se desarrolla consume el receptáculo de la polidrupa en su totalidad (Fig. 266).

Figura 263. Adulto y exuvia de *Netechma* sp. **Figura 264.** Perforaciones hechas por la larva en el receptáculo de un fruto de mora. **Figura 265.** Larva iniciando el taladrado del fruto. **Figura 266.** Receptáculo barrenado en su totalidad.

Barrenador de brotes y frutos

Seticosta rubicola Brown & Nishida, 2003.

Orden: Lepidoptera
Familia: Tortricidae
Partes afectadas: brotes jóvenes (tallos y ramas) y frutos
Localidades donde se encontró: Buena Vista, La Luchita, La Trinidad, San Martín

Identificación

El adulto es una polilla de tamaño pequeño, el ala es de 8,0 - 11, 6 mm de longitud, de color rojo ladrillo y presenta dos franjas transversales, una en el área postmedia y la otra en el área submedia, conectadas por una línea angosta a lo largo del margen interno del ala anterior, con un jaspeado de color blanco, gris y verde - amarillo (Fig. 267). Las alas posteriores son de color blanco, con manchas tenues de color gris pálido. La cabeza es de color crema pálida, los palpos labiales son muy alargados, los ojos son globulares y con probóscide presumiblemente funcional (Fig. 268). El abdomen es poco brillante de color blancuzco. El macho presenta un cilio antenal largo y un penacho de pelos en las patas delanteras. Los palpos labiales son extremadamente largos en ambos sexos. La larva es cilíndrica de color rojizo, con el tegumento muy granulado (Fig. 269) y pináculos de color pardo; la cápsula cefálica es de color marrón pálido y una línea oscura que inicia en la parte lateral y continua en la parte posterior, bordeando la cabeza (Fig. 270); el escudo protorácico es de color pardo. La larva en su último estadio mide 10,0 - 12,0 mm de largo y de 2,5 - 3,0 mm de ancho. La pupa es fusiforme, de color marrón oscuro, de 7,5 - 8,5 mm de longitud. En el dorso de la mayoría de los segmentos del abdomen, presentan dos líneas de espinas, siendo las anteriores más prominentes (Fig. 271) (Brown y Nishida 2003).

Síntomas

En tallos jóvenes la larva taladra un orificio de 3,0 mm de diámetro aproximadamente, ubicado cerca de la yema vegetativa, frecuentemente entre la inserción del peciolo de la hoja y el tallo (Figs. 272 - 273). El agujero se extiende hasta llegar a la médula, donde cambia el sentido de barrenado típicamente hacia arriba; es común observar signos alrededor de la lesión como excremento y restos del tejido barrenado que expulsa la larva, así como un engrosamiento anormal del brote (Fig. 274). Estas lesiones ocurren en la parte distal de los tallos, donde se pueden encontrar varios orificios por tallo; cuando los niveles poblacionales de este insecto son altos (más de tres larvas/tallo) se observa gran parte de la médula destruida, malformada e incluso se puede presentar una ruptura donde ocurre la lesión (Fig. 275). Por galería o túnel, se encuentra una larva de color rojizo, con la cabeza marrón y tegumento liso, barrenando el centro del brote (Figs. 276 - 277). En los tallos atacados, es probable hallar una celda larval que construye la oruga con restos de tejido barrenado e hilos de seda, en donde completa el estado de pupa y emerge como adulto (Figs. 278 - 279). En los frutos desarrollados, es prácticamente imperceptible, sin embargo, algunas veces se puede observar un orificio que penetra generalmente entre la inserción de los sépalos y el pedúnculo de la polidrupa (Fig. 280). Normalmente, cuando la larva se encuentra en los últimos estadios, los signos observables son muy parecidos a los que se presentan en los brotes (Figs. 281 - 282). Los frutos atacados por este insecto, contienen una larva de color rojizo, muy granulada y con la cabeza marrón, la cual consume por completo el receptáculo de la fruta (Figs. 283 - 284).

Figura 267. Adulto de *Seticosta rubicola*. **Figura 268.** Detalle de los palpos labiales extremadamente largos del adulto. **Figura 269.** Aspecto muy granulado del tegumento de la larva. **Figura 270.** Detalle de la línea oscura a un costado de la capsula cefálica. **Figura 271.** Pupa: presenta dos líneas de espinas en el dorso por segmento. En condiciones de cría artificial la larva pupó fuera del fruto. **Figura 272.** Excremento y restos de tejido barrenado cerca del ápice de un tallo de mora vino espina blanca, signos que indican la presencia de la larva.

Figura 273. Larva taladrando por encima de la yema vegetativa, entre la inserción del peciolo y el tallo. **Figura 274.** Engrosamiento anormal de un tallo de *R. adenotrichos*, causado como respuesta de la planta ante acción fitófaga de la larva. **Figura 275.** Lesión severa en el ápice de un tallo de mora caballo (*R. urticifolius*). **Figuras 276 - 277.** Detalle de galería o túnel. **Figura 278.** Celda pupal elaborada con restos de tejido roído e hilos de seda.

Figura 279. Aspecto de la pupa dentro de un tallo de *R. adenotrichos*. Figura 280. Fruto asintomático de *R. adenotrichos* atacado la larva, cerca del sépalo se presenta una perforación muy pequeña que es la entrada a la galería. Figura 281. Larva perforando el cáliz en un fruto de *R. adenotrichos*. Figura 282. Excremento de color rojizo expelido por la larva para cubrir la entrada del orificio que comunica la galería dentro del fruto. Figura 283. Larva barrenando el receptáculo de un fruto. Figura 284. Lesión causada por la larva.

II. ENFERMEDADES

Moho gris

Botrytis cinerea Pers.: Fr.

Síntomas

En las plantaciones de mora, las infecciones por el moho gris se presentan con mayor severidad desde marzo hasta octubre, causando pudriciones blandas, así como momificación de frutos en desarrollo (Figs. 285 - 286), los cuales cuando hay condiciones ambientales propicias para la enfermedad, se cubren de conidios y conidioforos (Fig. 287). Con menor frecuencia puede atacar tallos, brotes, hojas y botones florales, órganos que pueden presentar necrosis, marchitamiento o muerte descendente (Figs. 288 - 294). La incidencia de la enfermedad es más alta de la parte media de la planta hacia abajo, en plantaciones con poco o ningún manejo de la poda.

Etiología

El agente causal del moho gris es el hongo *Botrytis cinerea* (Ascomycota: Helotiales). Este fitopatógeno produce abundantes conidios unicelulares, de forma oval, hialinos, agrupados en racimos (Fig. 295), al extremo de conidioforos grises y ramificados (Fig. 296). Además, produce esclerocios, los cuales son resistentes a condiciones ambientales adversas. Durante la época seca, los esclerocios o micelio en restos de material vegetal permiten la sobrevivencia del hongo en campo. Posteriormente, al reactivarse producen conidioforos, con numerosos conidios que sirven de inóculo primario, los cuales, al ser dispersados por el viento o la lluvia, causan nuevas infecciones (Agrios 2005, APS 1991, Barnett y Hunter 1998, Bushway *et al.*2008, Franco y Giraldo 1999, Hanlin 1997, Jennings 1988, Quinche 2009, Rivera 1992).

Figuras 285 - 286. Frutos momificados por el ataque de *Botrytis cinerea* (entre setiembre y octubre, se momifica en promedio 57% del total de los frutos por racimo, n=30 racimos). **Figura 287.** Moho gris sobre fruto de *R. adenotrichos* en desarrollo. **Figura 288.** Inflorescencia de *R. adenotrichos* atacada por *B. cinerea*. **Figura 289.** Botones florales con signos del organismo. **Figura 290.** Cuando ataca la flor, el hongo impide por completo el desarrollo del fruto.

Figura 291. Estructuras de *B. cinerea* creciendo en el envés del foliolo. **Figura 292.** Lesión en foliolos de mora vino espina blanca. **Figura 293.** Tallo poco lignificados de *R. adenotrichos* atacado por el hongo. **Figura 294.** Brote de mora vino espina roja con marchitez causada por *B. cinerea*. **Figura 295.** Conidioforo ramificado de *B. cinerea*. **Figura 296.** Conidios unicelulares sobre conidioforos ramificados de *B. cinerea*.

Marchitez por Fusarium

Fusarium oxysporum Schlechtend.: Fr

Síntomas

En el campo, puede apreciarse los primeros síntomas en plantas aisladas, luego en grupos de ellas y finalmente en áreas más extensas. Las plantas primero muestran síntomas foliares que semejan deficiencias (Fig. 297), luego una clorosis ubicada en la parte inferior. Posteriormente, se observa la pérdida paulatina de turgencia en las hojas, que seguidamente se marchitan y cuelgan de las ramas (Fig. 298). También se observa una reducción en el crecimiento, la producción y en algunos casos hay muerte súbita de la planta o sectores de ella (Fig. 299). Todos estos síntomas son resultado del bloqueo de los haces vasculares y su intensidad depende en buena medida, del estado fisiológico de la planta y factores abióticos que la rodeen. El marchitamiento suele presentarse de forma más evidente cuando planta tiene una mayor carga de frutos, durante períodos con menor precipitación y particularmente hacia el mediodía, cuando la planta tiene una mayor necesidad de agua. Los tallos afectados suelen presentar decoloración de los haces vasculares, que se aprecian al hacer cortes transversales en la parte basal del tallo (Figs. 300 - 301).

Etiología

Fusarium oxysporum (Ascomycota: Hypocreales), es el agente causal de esta enfermedad. Posee micelio algodonoso con tonalidades de blanco a rosado (Fig. 302); produce tanto micro como macroconidios (Fig. 303). Los primeros son muy numerosos, de forma ovalada - elipsoide, cilíndrica, recta o curvada, de 5 - 12 x 2,2 - 3,5 µm, mono o bicelulares y se forman en monofiálides cortas no ramificadas (Figs. 304 - 305). Los segundos son fusiformes, generalmente con un número de células que van de tres a cinco, de 27 - 60 x 3 - 5 µm, producidos generalmente en esporodoquios y a menudo con una célula basal pedicelada. A parte de los conidios también produce clamidosporas de paredes gruesas, las cuales son globosas, formadas solas o en parejas, intercaladas o en ramificaciones laterales cortas. La supervivencia *F. oxysporum* en el suelo, se atribuye principalmente a las clamidosporas, que son estructuras muy resistentes a condiciones ambientales desfavorables y se mantienen latentes en ausencia de hospedantes; cuando germinan, el micelio penetra por raíces o por algún daño mecánico (Fig. 306), alcanzando el tejido vascular (por donde se moviliza la sabia). Una vez establecido en la planta, causa la muerte del tejido e inicia la producción de esporas (si hay condiciones de temperatura y humedad alta favorables al patógeno). Las esporas se diseminan principalmente por el viento, agua, suelo contaminado, plantas enfermas y herramientas. Si no existen los factores para que se desarrolle la enfermedad, se forman clamidosporas y queda latente en el suelo (Agrios 2005, APS 1996, Barnett y Hunter 1998, Booth 1977, Smith *et al.* 1992).

Figura 297. Planta clorótica de mora sin espina atacada por *Fusarium oxysporum*. **Figura 298.** Presencia de hojas necróticas y cloróticas por la obstrucción de los tejidos vasculares. **Figura 299.** Muerte súbita, en parte de la planta. **Figura 300.** Haces vasculares decolorados por *F. oxysporum*. **Figura 301.** Lesión causada por *F. oxysporum* en tejido vascular de *R. adenotrichos*. **Figura 302.** Colonias de *F. oxysporum*, aisladas de tejido vascular.

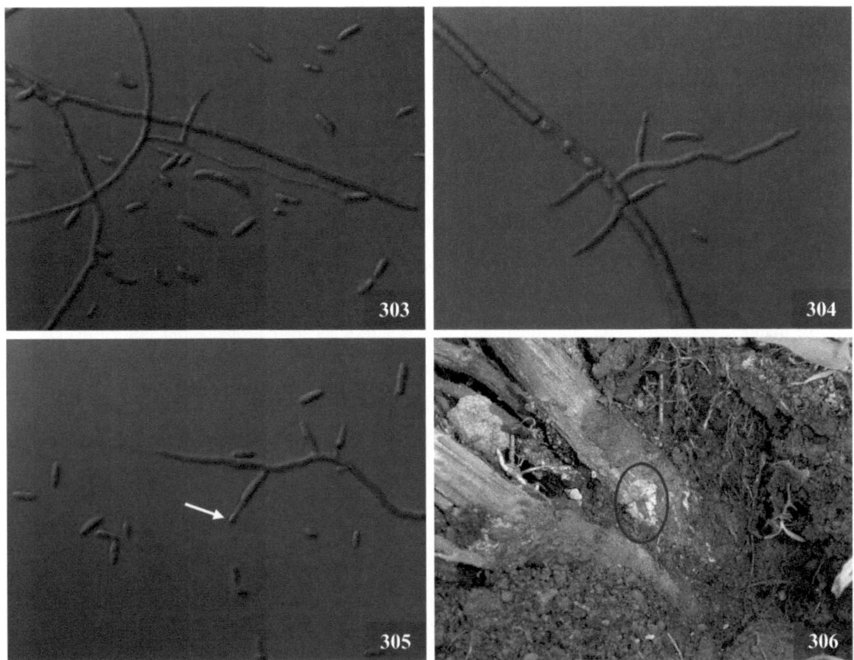

Figura 303. Macro y micro conidios de *F. oxysporum*. **Figura 304.** Detalle de monofiálides. **Figura 305.** Detalle de una monofiálide con un microconidio. **Figura 306.** Daño mecánico ocasionado por *Phassus* sp., esto facilita el ingreso y la colonización del sistema vascular de la planta por parte del patógeno.

Necrosis de la raíz por *Fusarium*

Fusarium sp. Link: Fr.

Síntomas

Los primeros síntomas se observan en plantas aisladas, luego en grupos y finalmente en áreas más extensas. Se observa una clorosis generalizada (Fig. 307), muerte de la parte distal (puntas) de tallos y ramas (Fig. 308), proliferación de yemas apicales y axilares tipo "escoba de bruja" (Fig. 309), disminución drástica en la producción, necrosis de las raicillas (Fig. 310), bloqueo de los haces vasculares, contracción de los tejidos de la médula en los tallos y hasta la muerte súbita de la planta o partes de ella. La intensidad de los síntomas y la propagación del patógeno, dependen del estado fisiológico de la planta así como los factores abióticos propios del ambiente (temperatura, humedad relativa, pH, nutrición de la planta); siendo la temperatura y la nutrición, los factores que más influyen en el desarrollo de la enfermedad. Las plantas afectadas presentan decoloración de los haces vasculares, lo que es evidente al hacer cortes transversales en la parte basal de los tallos (Fig. 311).

Etiología

Fusarium sp. (Ascomycota: Hypocreales), es el agente causal de esta enfermedad. Este patógeno produce tanto micro como macroconidios (Fig. 312), siendo estos últimos de mayor tamaño que los de *F. oxysporum*. Los microconidios son muy numerosos, de forma ovalada, mono o bicelulares y se forman en mono o polifiálides (Fig. 313 - 314). Los segundos son fusiformes, producidos generalmente en esporodoquios. Produce clamidospóras terminales e intercalares, las cuales son globosas (Fig. 315). La sobrevivencia de este organismo en el suelo, se debe principalmente a las clamidosporas; cuando germinan, el micelio penetra las raíces alcanzando el tejido vascular; establecido en la planta, causa la muerte del tejido e inicia la producción de conidios asexuales (si hay condiciones de temperatura y humedad alta favorables al patógeno); las esporas se diseminan principalmente por el viento, agua, suelo contaminado, plantas enfermas y herramientas. Si no existen los factores para que se desarrolle la enfermedad, se forman clamidosporas y queda latente en el suelo (Agrios 2005, APS 1996, Barnett y Hunter 1998, Booth 1977, Smith *et al.* 1992).

Figura 307. Planta de mora vino espina roja mostrando clorosis causada por *Fusarium* sp. **Figura 308.** Necrosis o muerte de la parte distal de tallos y ramas. **Figura 309.** Síntoma tipo escoba de bruja (alta proliferación de yemas apicales y axilares). **Figura 310.** Necrosis en la raíz. **Figura 311.** Decoloración de haces vasculares.

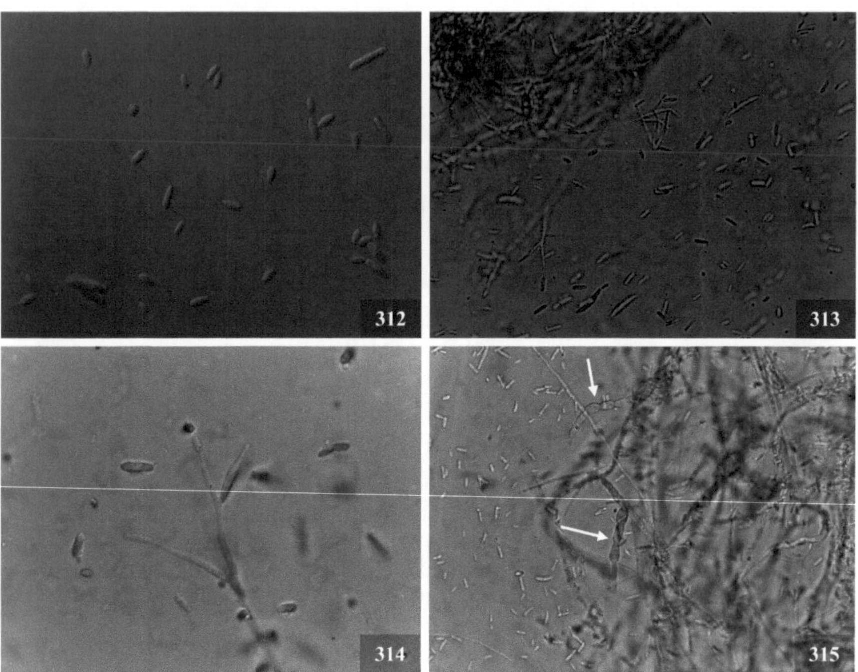

Figura 312. Vista al microscopio de microconidios y macroconidios de *Fusarium* sp. **Figura 313.** Vista general al microscopio, sobresalen los macroconidios de gran tamaño. **Figura 314.** Detalle de polifiálide. **Figura 315.** Clamidosporas de aspecto globoso.

Herrumbre o roya de la mora

Kuehneola albida (J. G. Kühn) Magnus.

Síntomas

Las infecciones se presentan con mayor severidad durante la época seca. En el haz de los foliolos, las lesiones son pequeñas y de color amarillento (Fig. 316); por el envés se observan áreas con manchas esparcidas o densamente distribuidas de aspecto polvoso, con tonos anaranjado intenso o amarillento (Fig. 317). La coloración indicada ocurre por la producción abundante de uredósporas que se desprenden fácilmente al tacto. Los uredos pueden coalescer y cubrir áreas más grandes de tejido (Fig. 318). Los síntomas y signos pueden presentarse en toda la planta, aunque la mayor incidencia ocurre en hojas maduras, localizadas en la mitad inferior de la planta.

Etiología

El agente causal de esta enfermedad es *Kuehneola albida*. (Basidiomycota: Pucciniales) (Hawksworth 1995). Los espermagonios (Estado O) son subcuticulares; los aecios (estado I) son subepidermales errumpentes, con aeciosporas en pedicelos solitarios. Los uredos (estado II) son subepidermales errumpentes con uredosporas solitarias en pedicelos, equinuladas o marcadas, con poros ecuatoriales (Fig. 319). Los telios subepidérmicos (estado III) son errumpentes, las teliosporas nacen sobre pedicelos cortos y solitarios. Cada teliospora tiene dos o varios septos transversales cuyas paredes son pálidas o sin color, lisas y con un poro germinativo por célula (Cummins y Hiratsuka 2003, Jennings 1988). En Costa Rica, se desconoce el ciclo estacional de *K. albida* en plantas de *R. adenotrichos*. Sin embargo, es conocido por los agricultores que durante la época donde coinciden factores favorables para su desarrollo, como presencia del inóculo, temperatura fresca y mayor velocidad del viento, aumenta el porcentaje de incidencia. El manejo inadecuado de la arquitectura de la planta favorece la disponibilidad de la humedad, el cual es un factor determinante en la germinación de las uredosporas. Las esporas de este organismo son dispersadas principalmente por el viento. Sin embargo, el material vegetal, insectos, implementos agrícolas y el hombre pueden contribuir a su diseminación. Cuando hay suficiente humedad sobre el follaje, las uredósporas germinan y los tubos germinativos penetran los estomas y días después origina una nueva pústula.

Figura 316. Lesión causada por *Kuehneola albida* en foliolos de *R. adenotrichos* (haz). **Figura 317.** Lesión en foliolos de *R. adenotrichos* (envés). **Figura 318.** Coalescencia de uredosporas. **Figura 319.** Detalle de basidio con presencia de esterigmas.

Roya de la mora

Gerwasia imperialis (Speg.) J.C. Lindq

Síntomas

Las plantas infectadas por la roya de la mora presentan foliolos con numerosas pústulas redondeadas de color anaranjado intenso o amarillento, localizadas en el haz (Figs. 320 - 323), mientras que en el envés produce una lesión hundida de color verde claro (Fig. 324). Generalmente, hay presencia de abundantes uredosporas, las cuales se desprenden fácilmente al tacto. En cultivares susceptibles, es común observar la coalescencia de los uredos cubriendo áreas más grandes de tejido (Figs. 325 - 326). Los síntomas y signos se pueden presentar en casi todo el follaje de la planta, pero su presencia es más notoria en hojas maduras, localizadas de la mitad de la planta hacia abajo. También, se ha observado este organismo causando lesiones en frutos, consistentes en pústulas con uredosporas anaranjadas en las drupas (Figs. 327 - 329).

Etiología

Esta enfermedad es causada por *Gerwasia imperialis* (Basidiomycota: Pucciniales) (Hawksworth 1995). Este agente fitopatógeno solamente tiene fase asexual, por lo tanto, solo produce uredos con numerosas uredosporas (Figs. 330 - 331), razón por la cual en algunos textos se le clasifica como una roya imperfecta o mitospórica (Cummings y Hiratsuka 2003). Este patógeno está presente todo el año; sin embargo, se presume que el inoculo producido por variedades susceptibles como mora caballo (*Rubus urticifolius*) y mora sin espina (*R. adenotrichos var.* sin espina), temperatura cálida y el salpique por agua de lluvia, son los principales factores que promueven su incremento en las plantaciones, durante la época lluviosa. Las esporas de este organismo son diseminadas por el viento, el material vegetal, insectos, implementos agrícolas y el productor. De igual forma que las uredosporas de *K. albida* las de esta especie pueden germinar sobre el follaje. Además, puede atacar y formar pústulas sobre los frutos.

Figura 320. Lesión de roya en hoja de *R. adenotrichos*. **Figura 321.** Vista general de la lesión de roya en foliolos de mora caballo. **Figura 322.** Pústulas de roya en foliolos de mora sin espina (haz). **Figura 323.** Pústulas de roya en foliolos de mora caballo (haz). **Figura 324.** Vista adaxial de la roya en un foliolo de mora dulce. **Figura 325.** Coalescencia de uredosporas de roya en mora caballo.

Figura 326. Coalescencia de uredosporas de roya en mora sin espina. **Figura 327.** Racimo de frutos de mora dulce afectado por roya **Figuras 328 - 329.** Detalle de pústulas de roya esporuladas en drupas de mora dulce. **Figuras 330 - 331.** Vista microscópica de uredosporas de roya.

Antracnosis

Colletotrichum gloeosporioides Penz. & Sacc. in Penz.

Síntomas

Los síntomas pueden variar de acuerdo a la especie de mora que ataca. En la variedad vino, se observa en el follaje manchas pequeñas de aspecto acuoso, de forma circular y hundidas, con el centro de color gris claro y rodeada por bordes de color oscuro (Figs. 332 - 333). En *R. glaucus*, causa lesiones de mayor tamaño y forma irregular, de color marrón claro (Fig. 334). En algunos casos, el tejido necrosado se puede desprender, lo que produce ventanas o agujeros en la lámina. Este hongo, con mayor frecuencia se le ubica de la parte media de la planta hacia abajo.

Etiología

El agente causal de esta enfermedad tiene la fase asexual (anamorfo) y la sexual (teliomorfo). La más común en campo es el anamorfo denominado *Colletotrichum gloeosporioides* (Ascomycota: Glomerellales) (Hawksworth 1995). Sin embargo, con menor frecuencia, puede presentarse el teliomorfo perteneciente al género *Glomerella* (Hawksworth 1995). El estado asexual produce acérvulos en forma de disco, con espinas o setas muy características de color oscuro en el borde o entre los conidioforos (Fig. 335). Los conidios son unicelulares, hialinos, ovoides a oblongos, ligeramente curvados e inmersos en una masa gelatinosa. Este organismo sobrevive en restos vegetales, donde bajo condiciones favorables como heridas, exceso de nitrógeno, temperaturas entre 20 - 25° C y humedad elevada o lluvias abundantes, produce conidios en acérvulos (diseminados por salpique de lluvia) o ascosporas en seudotecios (diseminadas por el viento). El personal agrícola, así como los insectos, pueden desempeñar un papel secundario en la diseminación de este organismo. Cuando los propágulos del hongo entran en contacto con el tejido apropiado de la planta, germinan y penetran la cutícula, ya sea por aberturas naturales como los estomas o bien por heridas, colonizando los espacios intercelulares del hospedero. En condiciones ambientales extremas, este patógeno puede permanecer en estado de latencia en el suelo u en tejido vegetal muerto esperando que se restablezcan las condiciones necesarias para iniciar el ciclo nuevamente (Agrios 2005, Barnett y Hunter 1998, Castro y Cerdas 2005, Franco y Giraldo 1999).

Figura 332 - 333. Lesión causada por *Colletotrichum gloeosporioides* en *R. adenotrichos.* **Figura 334.** Lesión causada por *C. gloeosporioides* en mora castilla (*Rubus glaucus*). **Figura 335.** Vista microscópica de un acérvulo de *C. gloeosporioides*; nótese la abundancia de conidios.

Mancha de la hoja causada por Didymella

Didymella sp. Sacc.

Síntomas

La enfermedad muestra en el haz de los foliolos maduros, manchas necróticas de forma circular y color pardo (Fig. 336), acompañadas por un halo marrón rojizo a amarillento (Fig. 337). Las lesiones suelen mostrar signos constituidos por seudotecios del agente causal, visibles como pequeños puntos de color negro, usualmente ubicados hacia el centro de la lesión (Fig. 338).

Etiología

Esta mancha foliar es causada por el hongo *Didymella* sp. (Ascomycota: Pleosporales) (Hawksworth 1995). Este hongo se caracteriza por producir seudotecios separados e inmersos en el sustrato, con ostiolos errumpentes y ascosporas bicelulares, con la célula superior más ancha que la inferior (Fig. 339). El estado imperfecto corresponde al anamorfo *Phoma* sp., el cual produce picnidios que liberan conidios hialinos unicelulares (Smith *et al.* 1992). El hongo sobrevive en residuos de cosecha, en el suelo por medio de los picnidios o sobre algunas arvenses o plantas voluntarias. Se disemina por el salpique de las lluvias, herramientas de labranza, viento, manos de los trabajadores o por material vegetal infectado. Los daños mecánicos en el tejido, humedad relativa alta y temperatura fresca son los factores que favorecen el desarrollo de la epidemia (Bushway *et al.* 2008, Jennings 1988, Smith *et al.* 1992).

Figura 336. Lesión foliar causada por *Didymella* sp. en *R. adenotrichos*. **Figura 337.** Detalle de la lesión. **Figura 338.** Peritecios de *Didymella* sp. (puntos negros). **Figura 339.** Asca bitunicada con ascosporas bicelulares del hongo.

Mancha foliar causada por Venturia

Venturia sp. Sacc., nom. cons.

Síntomas

La manifestación principal de esta enfermedad es la presencia de lesiones de forma circular, de coloración verde amarillento a marrón claro y de aspecto seco (Fig. 340). La lesión tiene un halo rojizo y se observan pequeños puntos (seudotecios) de color negro hacia el centro del área necrosada (Figura 341). Las manchas pueden coalescer y formar áreas más grandes de tejido muerto. Estos síntomas se observan con mayor frecuencia en la mitad inferior de la planta. Dada la semejanza entre los síntomas de esta enfermedad y los causados por *Didymella* sp., se requiere observar las características morfológicas del agente causal, para hacer un diagnóstico correcto.

Etiología

El agente causal de esta enfermedad pertenece al género *Venturia* (Ascomycota: Venturiales) (Hawksworth 1995), caracterizado por producir ascomas uniloculados (seudotecios peritecioideos), inmersos en los tejidos del hospedero, separados o agrupados, con papilas ostiolares salientes (Fig. 342), a menudo con setas alrededor del ostíolo. El ascoma es de color marrón (Fig. 342), con una pared externa constituida por células seudoparenquimatosas y engrosadas, mientras que la parte interna del mismo tiene células hialinas y delgadas. Las ascas son bitunicadas, oblongas o cilíndricas (Fig. 343) y poseen una célula pie corta, sin la presencia de hendidura o poro característico en la parte distal lo que las diferencia de las ascas de *Didymella* sp. (Fig. 343). Las ascosporas son oblongas, elípticas, clavadas, o fusoides, de color verde oliva a marrón pálido u oscuro, lisas o rugosas, septadas por encima o por debajo del punto medio, a veces con una constricción en el septo. La reproducción sexual de este hongo ocurre en hojas infectadas que caen al suelo, donde después de la fertilización sexual, se forman las ascas dentro del seudotecio, para posteriormente ser liberadas y llevadas por corrientes de aire al tejido sano sobre el cual germinan y penetran. La fase asexual suele producirse en hojas con lesiones activas sobre las cuales se producen conidioforos libres y conidios, diseminados por el salpique del agua de lluvia. En las hojas sanas originan nuevas lesiones y al cabo de varios días inician la producción de más conidios (Barnett y Hunter 1998, Hanlin 1997, Smith *et al.* 1992).

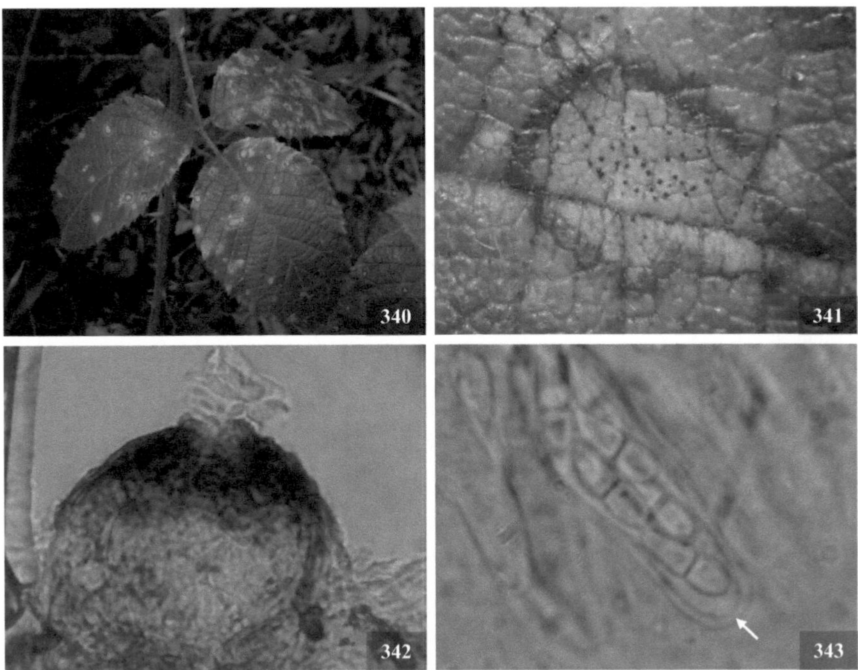

Figura 340. Lesiones por *Venturia* sp. en hoja de *R. adenotrichos*. **Figura 341.** Halo de color rojizo, con presencia de peritecios de color oscuro. **Figura 342.** Peritecio de *Venturia* sp. **Figura 343.** Detalle de ascosporas bicelulares dentro de ascas bitunicadas.

Mancha foliar por Pestalotia

Pestalotia sp. De Not.

Síntomas

Este tipo de manchas foliares está asociado a plantas en condición de estrés, ya sea por daños mecánicos, estado nutricional o por otros problemas de tipo biótico (enfermedades, insectos o nematodos). La enfermedad produce manchas más o menos hundidas y de forma circular en los foliolos. Estas son de color marrón claro con el borde marrón oscuro (Fig. 344)

Etiología

El agente causal de esta mancha foliar es *Pestalotia* sp. (Ascomycota: Amphisphaeriales) (Hawksworth 1995). Las esporas son producidas en acérvulos oscuros, subepidérmicos y discoides (Fig. 345). Los conidioforos son cortos, simples y producen conidios elipsoidales o fusoides (en forma de balón de fútbol americano); por lo general con tres células oscuras hacia el centro y las de los extremos diáfanas puntiagudas, provistas de dos o más apéndices hialinos derivados de la célula final (Fig. 346 - 347) (Barnett y Hunter 1998, Ueno 2008).

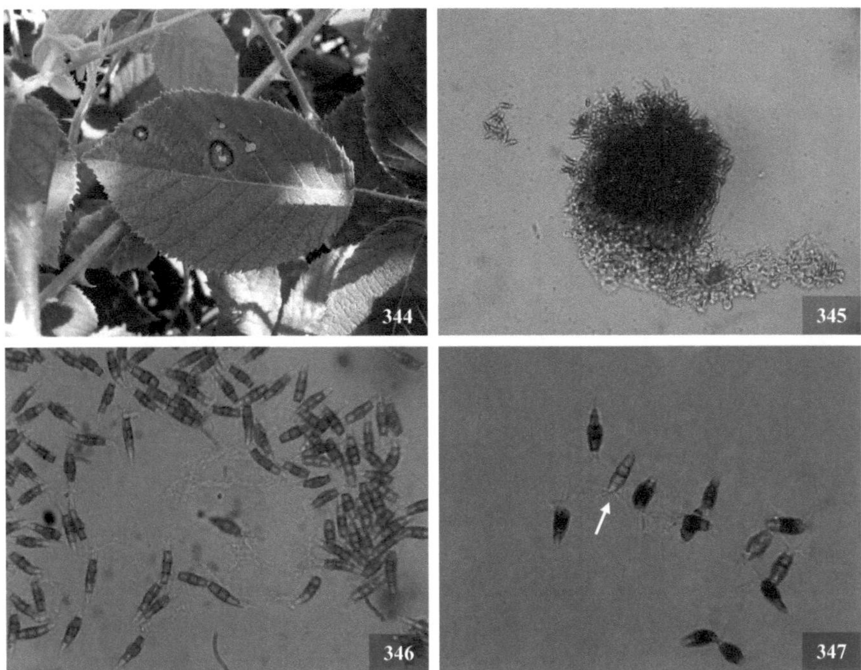

Figura 344. Lesión causada por *Pestalotia* sp. en un foliolo de *R. adenotrichos*. **Figura 345.** Detalle de acérvulo. **Figura 346.** Vista microscópica de conidios multicelulares. **Figura 347.** Detalle de apéndices hialinos en los conidios.

Mildiú negro

Meliola sp. Fr.

Síntomas

Las lesiones originalmente son circulares, con bordes difusos, de color negro y están localizadas en el haz de los foliolos (Fig. 348). Las manchas causadas por este patógeno son superficiales y eventualmente pueden coalescer y cubrir áreas de mayor tamaño. Cuando el hongo se ha establecido en los foliolos, puede presentar uno o varios puntos (peritecios) de color negro ubicados hacia el centro de la lesión. Estas estructuras se aprecian levantadas en relación a la superficie y se observan con facilidad utilizando una lupa (Fig. 349). La presencia de esta enfermedad se detecta con más frecuencia en la mitad inferior de la planta. Aunque *Meliola* sp. no ocasiona un problema directo a la planta, si lo puede hacer de forma indirecta, ya que dificulta la llegada de la luz a los tejidos colonizados, pudiendo retardar el crecimiento, la floración y fructificación de plantas severamente atacadas.

Etiología

El agente causal del mildiú negro en mora es un hongo del género *Meliola* (Ascomycota: Meliolales) (Hawksworth 1995). Se caracteriza por producir peritecios, inmersos en una matriz de micelio superficial extendido sobre los foliolos (Fig. 349). Este es de color negro, muy ramificado, con numerosos hifopodios (Figs. 350 - 352) y setas erectas. Los peritecios son solitarios, globosos, ostiolados, pero sin cuello ostiolar. La pared del ascoma está compuesta por varias capas de células seudoparenquimatosas, las más externas presentan paredes gruesas de color marrón y las internas son delgadas, subhialinas y aplanadas. Ascas unitunicadas, formando un fascículo basal y ligeramente engrosadas en el ápice, con dos a ocho esporas. Las ascosporas son de color marrón oscuro, elipsoidales u oblongas, con varios septos transversales (Fig. 353) (Hanlin 1997).

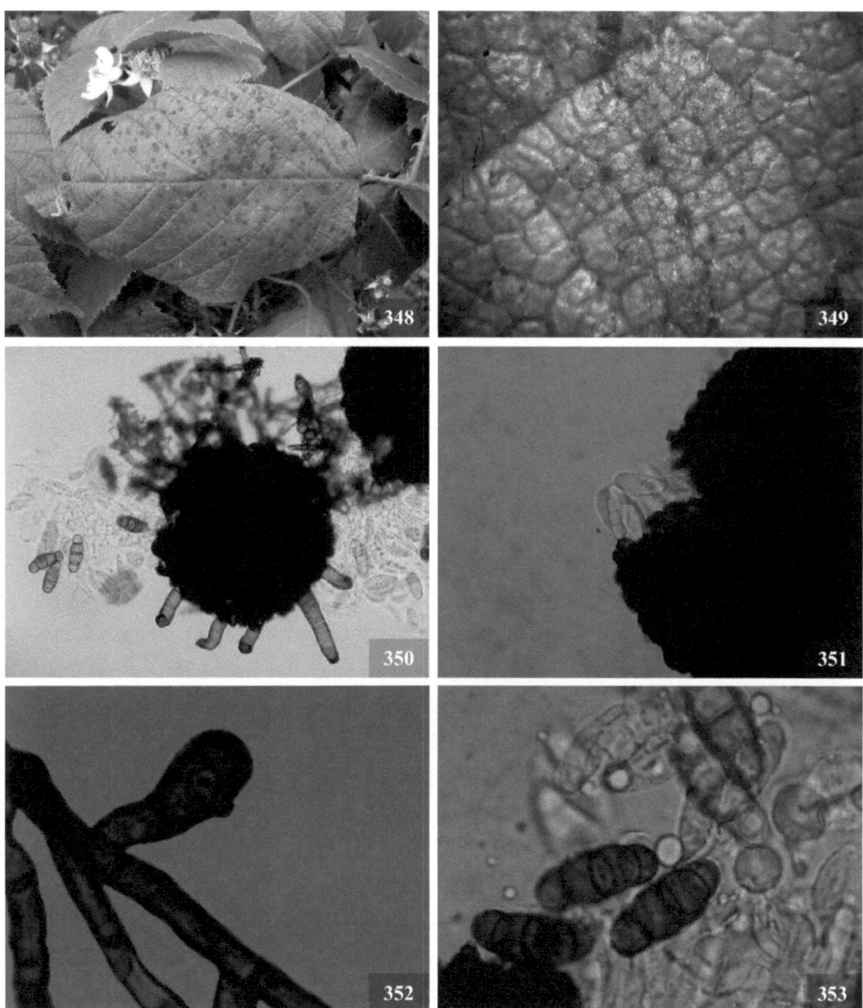

Figura 348. Lesión causada por *Meliola* sp. en foliolos de *R. adenotrichos*. **Figura 349.** Micelio de mildiú negro con presencia de peritecios, creciendo en el haz de una hoja de mora vino espina blanca. **Figura 350.** Detalle de peritecio globoso, con presencia hifopodios y de ascas. **Figura 351.** Ascosporas saliendo de un peritecio. **Figura 352.** Apresorio de *Meliola* sp. **Figura 353.** Detalle de ascas unitunicadas.

Mildiú velloso

Peronospora sparsa Berk.

Síntomas

El mildiú velloso de la mora produce en el haz de los foliolos manchas de forma irregular usualmente delimitadas por las nervaduras y de color marrón rojizo a marrón claro (Figs. 354 - 356). En el envés, justo debajo de la lesión descrita, se puede apreciar una vellosidad constituida por crecimiento blanquecino del patógeno (esporangios y esporangióforos) de apariencia algodonosa (Figs. 357 - 358). En épocas con alta humedad relativa y temperaturas frescas ocurre un incremento en la incidencia de la enfermedad, especialmente concentrada de la parte media de la planta hacia abajo.

Etiología

El agente causal de esta enfermedad es un oomycete del género *Peronospora* (Oomycota: Peronosporales) (Hawksworth 1995). Es un parásito obligado, por lo que solo se establece en tejido vegetal vivo. Morfológicamente se caracteriza por producir numerosos esporangióforos ramificados y bien diferenciados con esporangios terminales en las ramificaciones (Figs. 359 - 360). Se distingue de otros géneros pertenecientes al mismo orden por el tipo de ramificación dicotómica de los esporangióforos y la forma de los esporangios (Fig. 361). Este organismo, sobrevive en forma de oospora en restos de tejido vegetal. Cuando la temperatura y la humedad relativa son favorables al patógeno, la oospora germina y produce un esporangio que puede ser diseminado por medio del salpique de la lluvia o el viento, hacia el tejido sano de otras plantas. Esta estructura germina y penetra la hoja a través de los estomas del haz. Posteriormente ocurre el proceso de infección donde se manifiestan los síntomas. Transcurrido el proceso de infección, el patógeno produce micelio que se diferencia en esporangióforos y esporangios, los cuales salen a través de los estomas del envés de los foliolos. Los esporangios son diseminados nuevamente, convirtiéndose en inóculo secundario al producir infecciones repetitivas. El patógeno puede sobrevivir en residuos de cosecha (restos infectados de poda u hojas que caen por senescencia), donde se formando oosporas. El exceso de follaje en la planta, mal manejo de arvenses y principalmente la lluvia acompañada de neblina, incrementan el contenido de humedad en el ambiente, lo que beneficia el desarrollo de esta enfermedad.

Figuras 354 - 355. Lesión causada por *Peronospora* sparsa en mora sin espina. **Figura 356.** Manchas irregulares en el haz, causadas por mildiú velloso. **Figura 357.** Lesión causada por mildiú velloso en el envés de un foliolo de mora sin espina.

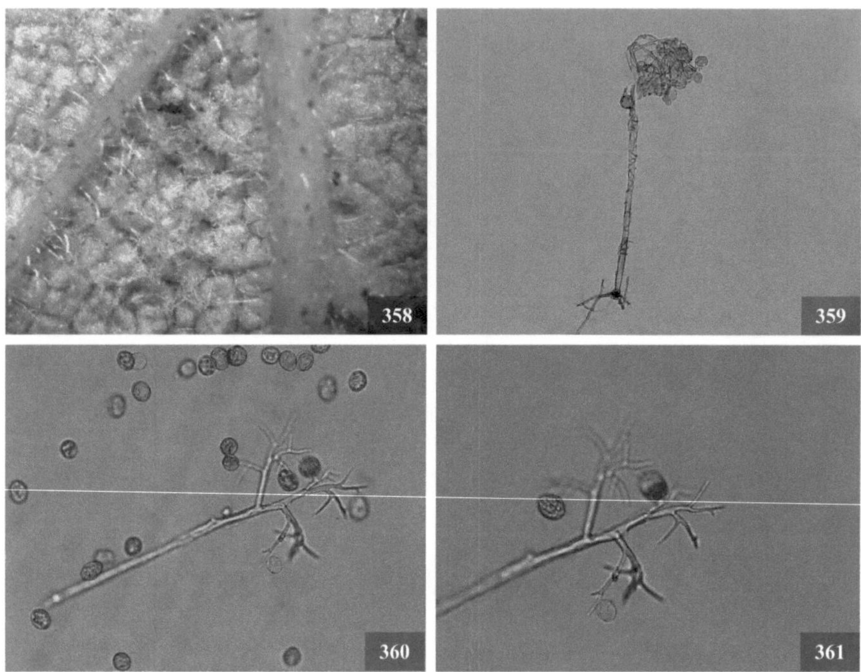

Figura 358. Crecimiento velloso (signos) de *Peronospora* sp. en el envés. **Figura 359.** Detalle de un esporangióforo con sus respectivos esporangios. **Figuras 360 - 361.** Ramificación dicotómica de un esporangióforo de *Peronospora* sp.

Virus del enanismo arbustivo de la frambuesa

Síntomas

El principal síntoma de esta enfermedad en plantas de mora vino, es la aparición de un amarillamiento que va desde tonos suaves hasta intensos (Fig. 362), en todo el follaje o partes de este (Fig. 363). También se presentan brotes atrofiados, hojas con crecimiento reducido y textura coriácea (Figs. 364 - 365). En el fruto se observa una reducción en el número de drupas, evidenciándose frutos de aspecto desagregado o incompleto (Figs. 366 - 367).

Etiología

El *Rasphberry bushy dwarf virus* (RBDV) es un virus del género Idaeovirus, perteneciente a la familia Bromoviridae. Tiene partículas isométricas de 30 nm de diámetro. Este patógeno puede producir serias pérdidas en cultivares susceptibles de frambuesas rojas y negras, así como en moras. Aunque no afecta severamente el crecimiento de los tallos o el número de frutos, reduce en cierta forma el rendimiento, afectando el peso y el número de drupas por fruto. Se trasmite a las plantas por medio de polen infectado, por lo tanto se puede diseminar rápidamente cuando inicia la floración. Debido a que la mora tiene polinización entomófila, es difícil manejarlo en campo, pues algunos insectos como las abejas usualmente tienen un radio de vuelo de hasta 0,8 Km (APS 1991, Bushway *et al*. 2008, Jennings 1988, Strik y Martin 2003).

Figura 362. Planta de mora vino afectada por "Rasphberry Bushy Dwarf Virus" (RBDV). **Figura 363.** Clorosis intensa (síntoma de la enfermedad) causada por RBDV. **Figura 364.** Hojas con clorosis y crecimiento reducido causado por RBDV. **Figura 365.** Hojas con crecimiento reducido y apariencia coriácea. **Figuras 366 - 367.** Frutos de *R. adenotrichos* con desarrollo reducido de las drupas, (apariencia desagregada o incompleta) causada por RBVD.

140

III. NEMATODOS FITOPARÁSITOS

Aspectos generales de los nematodos

Son organismos microscópicos, de simetría bilateral, hialinos, no segmentados, con el cuerpo cilíndrico y vermiforme. Tanto el macho como la hembra son de apariencia fusiforme, aunque algunas especies presentan dimorfismo sexual. El tamaño es variable, siendo los machos generalmente más pequeños que las hembras. La pared del cuerpo está conformada por cutícula, una capa de músculos somáticos que corren en sentido longitudinal y una hipodermis que en conjunto permiten el movimiento ondulatorio del nematodo. En los nematodos el sistema digestivo está constituido por una región labial, cavidad bucal, faringe (contiene las glándulas salivales necesarias para la digestión de los alimentos), intestino, recto y ano. En los nematodos fitoparásitos la cavidad bucal tiene un estilete en forma de aguja hipodérmica que les permite penetrar las células de las plantas y extraer los nutrientes. La reproducción consiste en la copulación del macho con la hembra y la fertilización del huevo por el esperma, no obstante, la partenogénesis, hermafroditismo, seudogamia e intersexos también son formas de reproducción que se presentan en algunos nematodos. El sistema reproductivo de la hembra consiste en uno o dos ovarios tubulares que conectan con el útero, éste con la vagina y finalmente con la abertura o vulva. El sistema reproductivo del macho consiste en uno o dos testículos tubulares, que se vacían en los vasos deferentes y se unen con el recto formando una salida única denominada cloaca, ubicada en posición ventral. Los machos se distinguen, además, por la presencia de las espículas copulatorias que son estructuras esclerotizadas cuya función es abrir el canal de la vulva y transferir los espermas al tracto genital femenino. El sistema nervioso consiste en una comisura que rodea el esófago, llamado anillo nervioso; varios ganglios y nervios están asociados longitudinalmente a este anillo. El sistema excretor en los nematodos fitoparásitos es un tubo glandular y cumple funciones de secreción, excreción y osmoregulación que se abre hacia el exterior a través de un poro excretorio, localizado en posición ventral en la región del esófago. Los nematodos no poseen estructuras u órganos de sistema circulatorio o respiratorio, ambas funciones se llevan a cabo por el movimiento del fluido seudocelomático dentro de la cavidad corporal. En general, el ciclo de vida consta de seis etapas: huevo, cuatro estados juveniles o larvarios (J1 - J4) y adulto. La mayoría de los nematodos que habitan el suelo se clasifican como saprófagos, predadores y parásitos de plantas. Los fitoparásitos, pueden afectar todas las partes de la planta (raíces, tallos, brotes, hojas, flores y semillas). El tipo de lesión causada varía de acuerdo a la especie de nematodo y a la planta hospedera. En relación a la forma de alimentarse de las raíces, se pueden diferenciar como endoparásitos (penetran totalmente la raíz), semiendoparásitos (penetración parcialmente el tejido con la parte anterior del cuerpo) y ectoparásitos (se alimentan de las partes externas de la planta sin entrar a ellas). En campos agrícolas, los principales factores físico - químicos del suelo que contribuyen al incremento de las poblaciones son temperatura, humedad, oxígeno y textura, así como la presencia de plantas susceptibles. En condiciones adversas, los nematodos pueden persistir en el suelo por largos periodos de tiempo en estado de dormancia. La diseminación de estos organismos se da por el movimiento propio del animal, suelo adherido a herramientas, maquinaria, zapatos, etc., suelo movido por el viento o el agua y material vegetal contaminado (Goodey *et al.* 1965, Rivera 1991, Magunacelaya 1995, Larraín 2002, González 2007).

En las plantaciones de mora, a pesar de que se pueden encontrar muchas especies de nematodos fitoparásitos asociadas, solo unas pocas tienen el potencial de causar pérdidas económicas (*Pratylenchus* sp., *Meloidogyne* sp., *Xiphinema* sp., *Ditylenchus* sp. y *Heterodera* sp.). La magnitud de las pérdidas depende del genotipo, la especie de nematodo asociado y densidad poblacional en el suelo (Jennings 1988, APS 1991, Escoto 1994, Bushway *et al.* 2008). Los síntomas causados por alimentación prolongada generalmente son similares a los producidos por otros agentes patógenos que afectan el funcionado normal del sistema radical (absorción de agua y nutrientes). El síntoma aéreo más común, es la pérdida de vigor o retraso en el crecimiento de la planta. Sin embargo, a nivel de raíz se pueden observar síntomas como engrosamiento anormal o formación de agallas y lesiones necróticas. Esta condición se traduce en manifestaciones cloróticas en las hojas y la aparición de plantas débiles y bajo rendimiento (Freckman y Caswell 1985; Jennings 1988; Magunacelaya 1995; Talavera 2003, González 2007). Por otra parte, existen referencias para algunos nematodos (*Pratylenchus* spp. y *Meloidogyne* spp.) que forman complejos o interaccionan con otros patógenos como *Fusarium* spp., *Verticillium* spp., *Phytophthora* spp., *Rhizoctonia* spp., *Agrobacterium* sp. y *Pseudomonas* sp. (APS 1991, Larraín 2002, González 2007).

Los nematodos detectados en muestras de suelo y raíz en el cultivo de mora correspondieron a: *Aphelenchoides* spp. (Fig. 368 - 369); *Aphelenchus* spp. (Fig. 370); *Criconema* spp. (Fig. 371 - 372); *Criconemoides* spp. (Fig. 373); *Ditylenchus* spp.; *Helicotylenchus* spp. (Fig. 374 - 376);

Hemicycliophora spp. (Fig. 377 - 378); *Heterodera* spp. (Fig. 379 - 381); *Meloidogyne* spp. (Fig. 382 - 383); *Ogma* spp. (Figs. 384 - 385); *Paratylenchus* spp. (Figs. 386 - 387); *Pratylenchus* spp. (Fig. 388 - 389); *Psilenchus* spp. (Figs. 390 - 391); *Trichodorus* spp. (392 - 394); *Tylenchus* spp. (Fig. 395 - 396); *Xiphinema* spp. (Fig. 397 - 401).

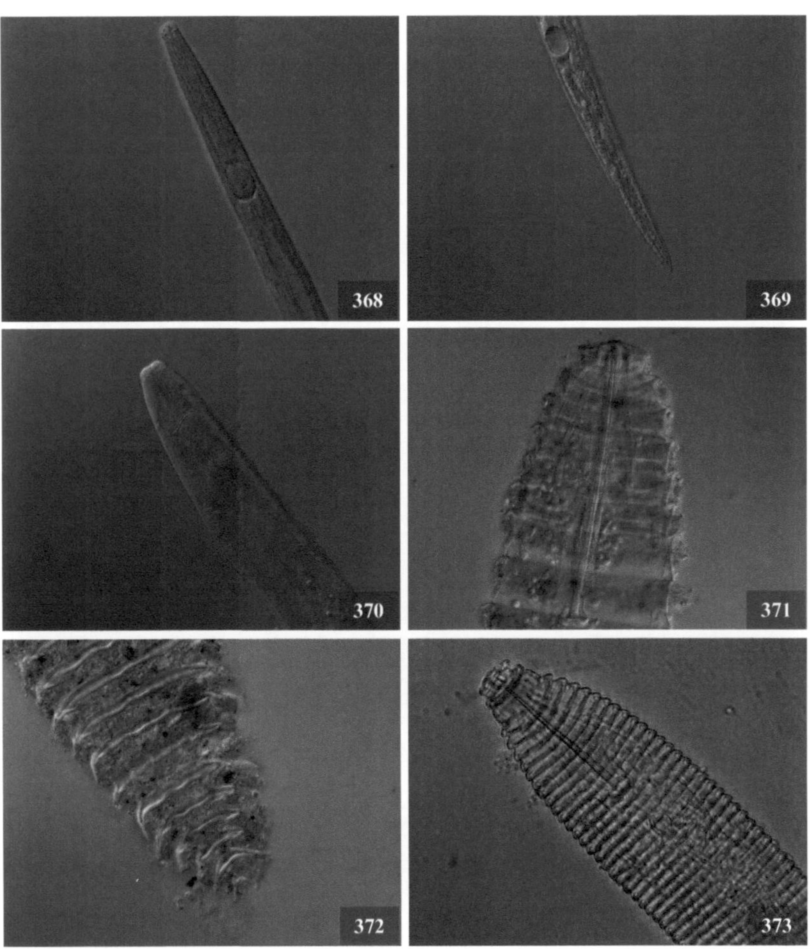

Figuras 368 - 369. *Aphelenchoides* spp. **Figura 370.** *Aphelenchus* spp. **Figuras 371 - 372.** *Criconema* spp. **Figura 373.** *Criconemoides* spp.

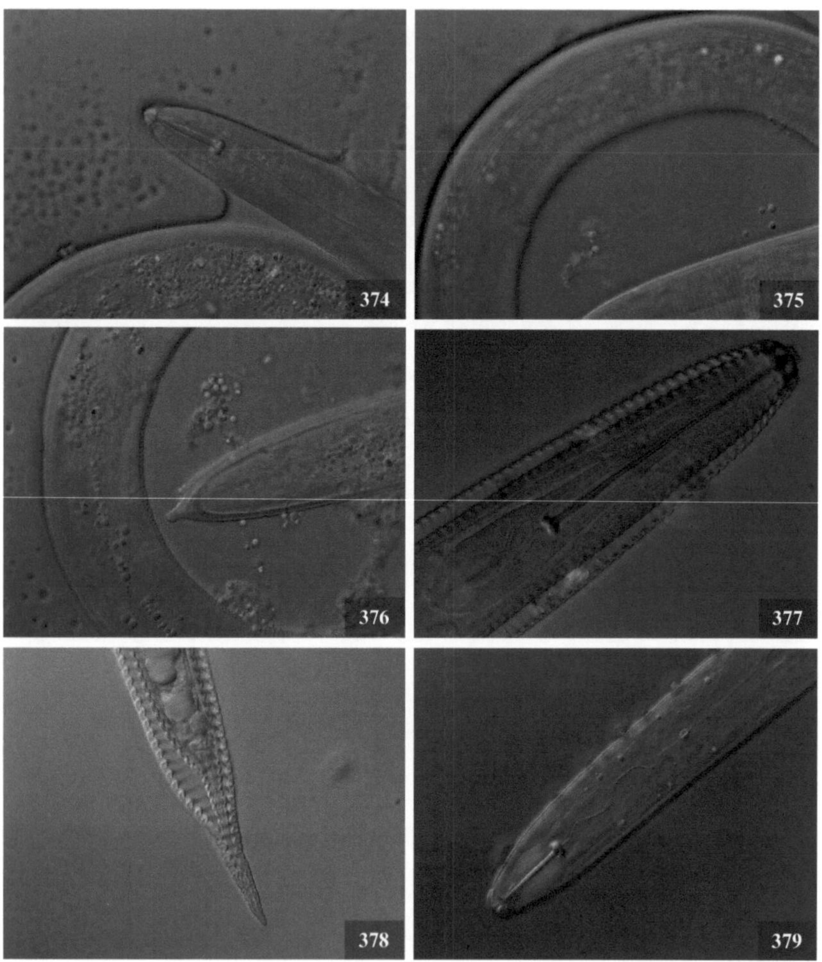

Figuras 374 - 376. *Helicotylenchus* spp. **Figuras 377 - 378.** *Hemicycliophora* spp. **Figura 379.** *Heterodera* spp.

Figura 380. *Heterodera* spp. **Figura 381.** Quiste de *Heterodera* spp. **Figuras 382 - 383.** *Meloidogyne* spp. **Figuras 384 - 385.** *Ogma* spp.

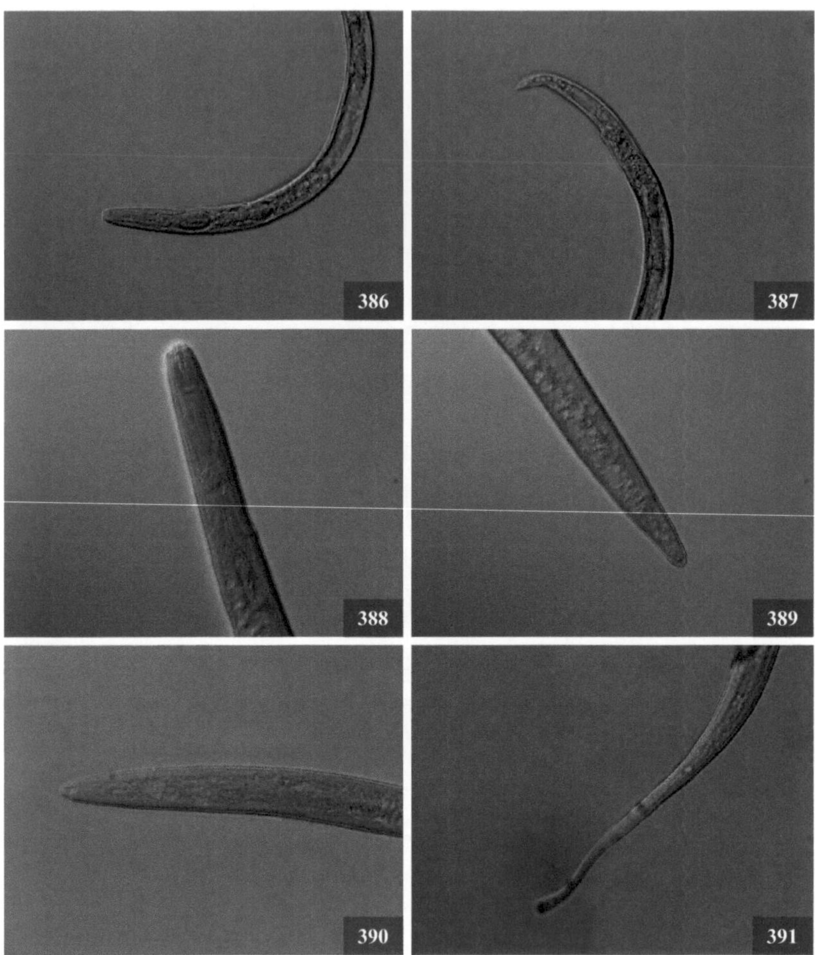

Figuras 386 - 387. *Paratylenchus* spp. **Figuras 388 - 389.** *Pratylenchus* spp. **Figuras 390 - 391.** *Psilenchus* spp.

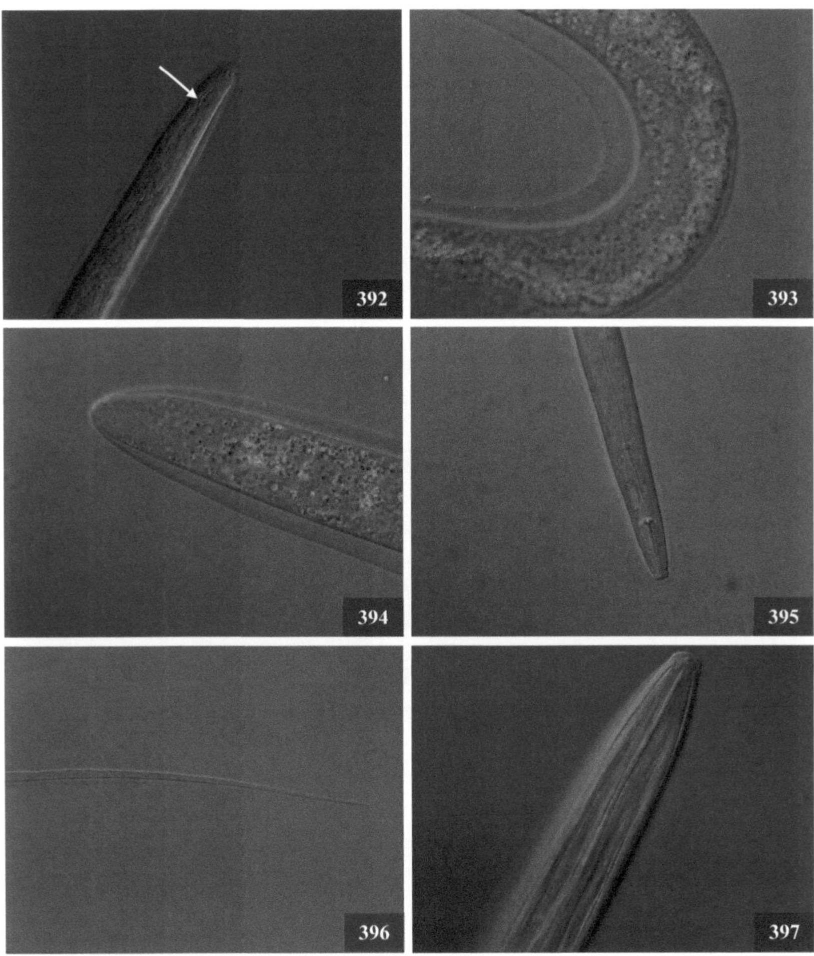

Figura 392. Adontoestilete curvado de *Trichodorus* spp. **Figuras 393 - 394.** *Trichodorus* spp.
Figura 395. *Tylenchus* spp. **Figura 396.** Cola delgada y larga de *Tylenchus* spp. **Figura 397.**
Cabeza de *Xiphinema* spp.

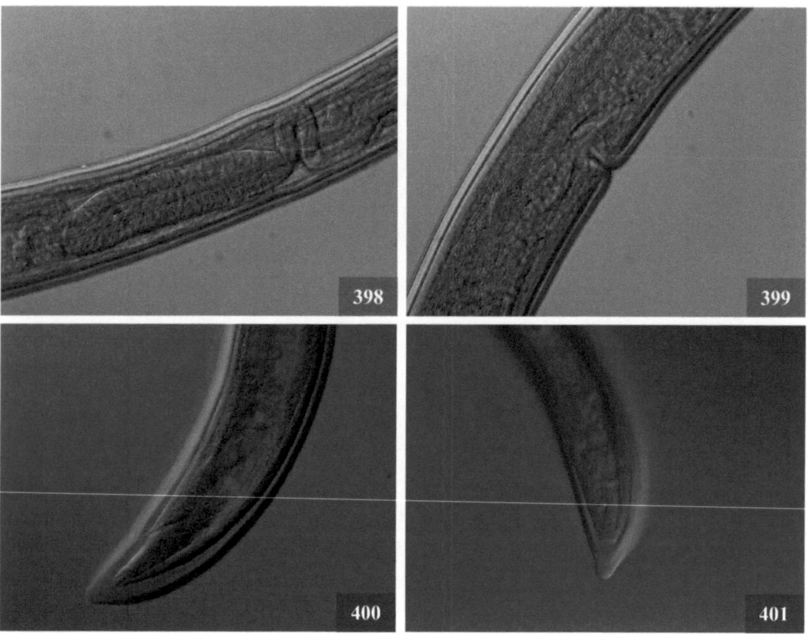

Figura 398. Detalle de esófago de *Xiphinema* spp. **Figura 399.** Detalle de vulva de *Xiphinema* spp. **Figuras 400 - 401.** Detalle de colas de *Xiphinema* spp.

IV.   MANEJO DE PROBLEMAS FITOSANITARIOS

MANEJO INTEGRADO DE PLAGAS EN EL CULTIVO DE MORA

El manejo integrado de plagas (MIP) es una estrategia de manejo de carácter preventivo y perdurable, que combina tácticas compatibles para reducir las poblaciones de organismos no deseables a niveles que no causen perdidas económicamente importantes, con efectos mínimos sobre el medio ambiente y a la salud humana.

En el MIP se aplican tres etapas: prevención, observación y combate. La prevención combina el conocimiento del cultivo, el ambiente y la biología de plaga o patógeno. La susceptibilidad del cultivo al daño causado por plagas varía de acuerdo con su estado de desarrollo fenológico. A su vez, la incidencia de las mismas está en función de los factores ambientales y de la condición del cultivo.

Los principios del combate de plagas y enfermedades deben incluir:

❖ Identificación exacta de la plaga o enfermedad y los organismos benéficos presentes, mediante un monitoreo frecuente y sistemático.

❖ Definición del umbral económico para las plagas y enfermedades. Con base en el muestreo determinar si la aplicación es económicamente justificada.

❖ Consideración de las condiciones climáticas del momento como apoyo en las predicciones de incidencia de plagas; en época lluviosa y húmeda, el desarrollo de hongos es más activo.

❖ Utilización de agentes de combate biológico.

Realizar un adecuado manejo fitosanitario en los cultivos es indispensable para disminuir el uso de plaguicidas sintéticos. Se recomienda establecer un sistema de MIP, con el propósito de reducir la incidencia de plagas y enfermedades y de esta manera hacer un racional y eficiente de plaguicidas (Cuadro 1).

Cuadro 1. Componentes de un programa de manejo integrado.

Prevencion	Monitoreo	Intervencion
• Ubicación • Rotación de cultivos • Distribución de cultivos • Variedades utilizadas • Manejo del cultivo • Fertilización • Riego • Cultivos-trampa • Intersiembras • Cosecha y almacenamiento	• Muestreo de plagas y enfermedades	• Combate físico y mecánico • Combate biológico • Utilizacion de extractos naturales • Combate químico selectivo.

Desarrollo de enfermedades

Para que se desarrolle una enfermedad en un cultivo es necesario que existan una serie de condiciones como son un cultivo susceptible, condiciones ambientales óptimas y la presencia del patógeno (Fig. 402). Por lo tanto, conociendo cuales son las condiciones propicias para que se desarrolle una determinada enfermedad, se podrá predecir si hay riesgo y a partir de esto tomar las medidas pertinentes para prevenir dicha enfermedad.

En el manejo de plagas y enfermedades se deben de aplicar tres etapas: prevención, monitoreo y control. La prevención combina el conocimiento de la fenología del cultivo, las condiciones ambientales y la ecología del organismo plaga. Lo anterior, para aplicar medidas y estrategias que limiten los ataques iniciales de los patógenos.

Prevención de enfermedades en el cultivo de mora.

Para el manejo de las enfermedades en el cultivo de la mora, es necesario la implementación de una serie de prácticas preventivas. Estas medidas contribuyen a la prevención, establecimiento, diseminación y el desarrollo de las enfermedades.

El conocimiento de la forma de llegada de los patógenos al cultivo es de suma importancia para prevenir la llegada, introducción o diseminación de estos patógenos al cultivo. También se deben de conocer las principales fuentes de inóculo dentro y fuera del cultivo.

Figura 402. Formas de introducción de las enfermedades y practicas preventivas en el cultivo de mora.

Control de las principales enfermedades en el cultivo de mora

A continuación, se presentan los principales métodos de prevención y control específico para las principales enfermedades en el cultivo de mora.

1. Moho gris causado por *Botrytis cinerea*

Esta enfermedad está presente durante todo el ciclo productivo a lo largo del año en las fincas productoras, por lo cual su manera de combatirla debe ser a través de un manejo integrado que incluya métodos culturales, biológicos y químicos.

154

Como prácticas culturales se deben realizar podas de formación de las plantas, para incentivar que las plantas tengan doseles abiertos para una mejor circulación de aire, penetración de luz y así favorecer la velocidad de secado de la superficie de las plantas, después de la lluvia o riego y de esta manera evitar condiciones propicias para el desarrollo de la enfermedad. También es recomendable realizar podas fitosanitarias, eliminación de residuos de podas, recolección de frutos maduros momificados, hojas secas, recolección y destrucción de todo material vegetal enfermo antes de los principales periodos de floración, de manera que se reduzcan las potenciales fuentes de inóculo del patógeno.

Preferiblemente se deben de evitar altas densidades de siembras para no predisponer la planta a futuras infecciones.

Un aspecto de suma importancia es el establecimiento de un programa de fertilización de acuerdo a los resultados de análisis de suelos y foliares, para reducir cualquier posible desbalance nutricional en la planta que pudiera predisponer la planta al patógeno.

La implementación de un sistema de cosecha constante y oportuna es de vital importancia con el fin de evitar sobremaduración en el campo y así disminuir el porcentaje de pérdidas postcosecha de frutos.

En el control biológico de la enfermedad se han utilizado diferentes hongos antagonistas como *Cladosporium* spp. y *Trichoderma* spp. A nivel experimental diferentes cepas de *Trichoderma* han mostrado un buen control de la enfermedad, sin embargo, estos métodos de control han sido poco utilizados en la práctica.

En lo que respecta al control químico del moho gris en diversos cultivos se han utilizado principalmente los siguientes grupos químicos de fungicidas y sus respectivos ingredientes activos; anilinopirimidinas (pirimetanil y ciprodinil), ditiocarbamatos (mancozeb), dicarboximidas (Iprodione, vinclozolin) y benzimidazoles (benomil). Este fitopatógeno ha mostrado resistencia a algunos fungicidas por el uso repetitivo de los mismos, por lo cual es necesario realizar rotación de fungicidas con diferente modo de acción para evitar y disminuir la aparición de cepas resistente a estos productos.

2. Marchitez causada por *Fusarium oxysporum*

Para el manejo de la marchitez, es necesario el establecimiento del cultivo en sitios de siembra libre del patógeno. Los mismos preferiblemente deben tener una topografía plana y poseer un buen drenaje, para evitar condiciones de encharcamiento que predispongan a la planta a la enfermedad.

Uno de los métodos mayormente empleados para el manejo de este patógeno en diversos cultivos es el uso de variedades resistentes. Sin embargo, actualmente no se cuenta material vegetal con resistencia completa a *F. oxysporum*.

Se deben de emplear medidas tendientes a evitar la introducción y diseminación de este hongo fitopatógeno de áreas afectadas hacia zonas libres de la enfermedad, para lo cual debe de adquirir material de propagación de buena calidad, libre del patógeno y producido a partir de plantas sanas de preferencia a través de técnicas de cultivos *in vitro* para asegurar su sanidad; ya que una vez establecido el patógeno es muy difícil su erradicación, debido a la capacidad de sobrevivir de manera saprófita o en forma de clamidosporas en el suelo en ausencia de plantas hospedantes. Así mismo, es de vital importancia realizar un control adecuado y oportuno de nematodos fitoparásitos, ya que cuando existe la presencia de nematodos en el suelo, la marchitez es más severa; debido a que estos microorganismos al alimentarse del tejido vegetal causan pequeñas lesiones en las raíces de la planta, facilitando y favoreciendo la penetración, colonización y establecimiento de este fitopatógeno.

En caso de detectar plantas enfermas, estas deben de ser eliminadas lo más pronto posible de la plantación, preferiblemente llevarlas fuera del área cultivada y darles un tratamiento adecuado para reducir la fuente de inóculo del patógeno.

La severidad de las enfermedades causadas por *Fusarium* en diversos cultivos se ha visto reducida al aplicar nitrógeno en forma de nitratos, pero ha aumentado al aplicar nitrógeno en forma amonical, debido a que este tipo de fertilizantes producen cambios en el pH del suelo, dando como resultado factores limitantes para el desarrollo del patógeno.

Para el control químico de esta enfermedad en otros cultivos tradicionalmente se han utilizado principalmente los fungicidas carbenzadim y thiabendazol (benzimidazoles), metil tiofanato (tiofanato, anteriormente benzimidazoles).

En los últimos años, el control de la marchitez causada por *Fusarium* ha dado resultados alentadores. Una de las técnicas mayormente empleada es la inoculación anticipada de las plantas con microorganismos antagonistas con capacidad endófita tales como *Trichoderma* y *Pseudomonas fluorescens*.

3. Roya causada por *Kuehneola uredinis*

Para el manejo de esta enfermedad, se recomienda de preferencia, antes de establecer una plantación evitar lugares de siembra con altos índices de precipitación anual.

El mejor control de la roya de la mora se logra mediante la implementación de prácticas culturales iniciando con la utilización de material vegetal libre del patógeno, podas fitosanitarias de material vegetal enfermo, las cuales resultan de vital importancia para proporcionar una correcta aireación y penetración de rayos solares, lo cual favorece el secado de las superficies vegetales limitando el desarrollo del patógeno así mismo contribuye a la reducción de la severidad de la enfermedad. Es importante contemplar la remoción y disposición correcta de residuos de podas para evitar fuentes de inóculo.

La humedad relativa es esencial para la infección. Lluvia frecuente o irrigación promueve altas condiciones de humedad y favorece el desarrollo de la enfermedad.

Se debe de evitar la irrigación excesiva para evitar alta humedad relativa en las partes aéreas de la planta, asegurarse de un drenaje adecuado del terreno para evitar alta humedad relativa en las partes aéreas de la planta.

Utilizar intercultivos, sembrando plantas no hospedantes entre el cultivo, para interrumpir la dispersión de las uredósporas.

El uso de fungicidas como mancozeb, previene futuras infecciones de roya, dentro de fungicidas curativos que han dado buenos resultados en el control químico están los fungicidas inhibidores de la respiración dentro de los cuales azoxystrobin y pyraclostrobin son los más utilizados.

A nivel experimental el hongo *Cladosporium* sp. ha mostrado parasitismo sobre uredósporas de roya en condiciones de laboratorio.

4. **Antracnosis causada por _Colletotrichum gloesporioides_**

El control de la antracnosis en mora debe de hacerse mediante la aplicaciones de diversos métodos acordes a las diferentes etapas fenológicas del cultivo. Es indispensable mantener un régimen de fertilización acorde a las necesidades del cultivo en cada unidad de producción, ya que esta enfermedad es más severa en plantas con desbalances nutricionales.

Así mismo, deben de evitarse los daños mecánicos en la planta, para reducir la penetración del hongo a través de heridas. Además, es necesario eliminar las fuentes de inóculo secundario como son los residuos de podas.

Entre los fungicidas recomendados para el control de esta enfermedad se encuentran benomil, mancozeb. En la actualidad no existe en Costa Rica ningún producto químico registrado específicamente para el control de esta enfermedad en mora.

Las podas frecuentes, es de suma importancia en la plantación ya que favorece la circulación dentro de la plantación, induciendo un secado del follaje y de esta manera reduciendo el número y duración de periodos húmedos para reducir el periodo de infección.

La aplicación excesiva de fertilizantes, especialmente de nitrógeno debe de evitarse, debido a que promueve el crecimiento vegetal excesivo dando una condición de tejido suculento abundante.

5. Mildiu velloso causado por _Peronospora sparsa_

El manejo de esta enfermedad inicia desde la adquisición del material vegetativo de siembra, es de vital importancia que el mismo provenga de plantas sanas o viveros certificados que tengan protocolos fitosanitarios, para evitar su introducción en lugares libres del patógeno.

Una vez establecida la plantación se debe de considerar que este patógeno es sistémico, por lo cual en la mayoría de los casos es necesario el uso productos con movimiento dentro de la planta. En plantaciones de mora en México, aplicaciones a la base de la planta de fosfito de potasio (sales de potasio derivadas del ácido fosforoso) cada 15 días, han dado buenos resultados satisfactorios en el control de esta enfermedad. En periodo de fructificación se pueden utilizar los fungicidas inhibidores de la respiración como (azoxystrobin, pyraclostrobin) o controladores biológicos como _Bacillus subtilis_. Sin embargo, es necesario conocer los periodos de carencia de estos plaguicidas.

En Michoacán, México se ha utilizado el empleo de productos alternativos de bajo impacto ambiental para el control de esta enfermedad, dentro de los cuales sobresale los extractos de semillas de cítricos, los cuales muestran resultados alentadores en el control de esta enfermedad. Lo anterior, es relevante ya actualmente para los productores orgánicos existen pocas alternativas para el manejo de esta enfermedad.

Antes de realizar cualquier medida de manejo es necesario, considerar las condiciones ambientales favorables para el desarrollo de la enfermedad y tomar las medidas pertinentes en base en base en estrategias preventivas, para disminuir el riesgo de la introducción del patógeno en áreas libres.

6. Mancha foliar causada por *Didymella* sp.

Para el control de esta enfermedad se recomienda el uso de variedades resistentes y la implementación de prácticas culturales, como la siembra de plantas sanas, evitar riegos por aspersión, recolección de material vegetal enfermo, eliminación de residuos de plantas enfermas y mantener las plantaciones con buena ventilación y con baja densidad de siembra.

7. Quema de la hoja causada por Venturia sp.

Las prácticas de manejo utilizadas para el control de esta enfermedad van enfocadas principalmente en la disrupción del ciclo de vida del patógeno (establecimiento de la infección primaria, dispersión y reproducción). Para la disrupción de las estrategias reproductivas básicamente se utilizan dos métodos: preventivos el cual básicamente está enfocado para reducir la proporción de ascosporas en fase saprófita y proteger la planta de la infección de ascosporas.

Por lo tanto, las medidas preventivas incluyen la utilización de fungicidas (químicos o biológicos) y medios físicos para atacar el hongo en material vegetal en descomposición, o la remoción de hojarasca, acompañado con la siembra de material vegetal tolerante o resistente.

Las principales prácticas culturales para el manejo de esta enfermedad son manejo adecuado de hojarasca, como la quema de hojas, composteo, aplicación de urea al 5% a las hojas en el suelo para evitar de desarrollo del patógeno.

Realizar podas de manera regular y constante es necesario para favorecer la penetración de luz dentro de la plantación y favorecer el flujo de aire, lo cual ayuda al secado de las superficies de las hojas y por lo tanto limita el establecimiento del patógeno.

En cuanto al control biológico, se ha identificado varios antagonistas como es el caso de *Cladosporium*, el cual ha mostrado inhibir la germinación y el crecimiento micelial de este patógeno. Algunos aislamiento de *Trichoderma* también ha sido identificados como antagonistas promisorios de este patógeno, principalmente en la reducción de la producción de ascosporas en hojas enfermas.

8. Mildiu negro causado por *Meliola* sp.

Generalmente este patógeno es fácilmente controlado, con aplicaciones de fungicidas a base de cobre, o mancozeb. Muchas veces es favorecido por las excretas de insectos chupadores, por lo cual un manejo preventivo de áfidos, escamas y otros insectos chupadores aminoran o eliminan los problemas causados por este patógeno en el cultivo.

9. Mancha parda de *Pestalotia* sp.

La lucha contra este patógeno en plantaciones de mora debe ser de tipo preventivo. La reducción en la cantidad de inóculo disponible para nuevas infecciones se logra destruyendo el material vegetal muerto o afectado. Además, es importante reducir la dispersión del inóculo reduciendo o eliminando el riego mediante aspersión en los casos en donde se aplica este tipo de riego, ya que las salpicaduras de agua son la principal vía para la diseminación de los conidios infectivos por todo la plantación y la presencia de agua libre en las superficies foliares proporciona las condiciones idóneas para que se produzca la germinación de las esporas. También se pueden establecer condiciones menos favorables para la infección a través de una adecuada aireación de las plantas, de forma que se reduzca en lo posible la existencia de largos períodos de humectación foliar. Para conseguirlo puede reducirse la densidad de plantación o evitarse la colocación de residuos de podas en la base de la planta para permitir suficiente circulación de luz solar y aire.
En cuanto al control químico de esta enfermedad, al no haber productos registrados en Costa Rica para este patógeno en el cultivo de la mora, no se pueden recomendar tratamientos específicos. No obstante, en base a la información general en otras plantas hospedantes en muchas ocasiones

es de utilidad el empleo de fungicidas protectores o sistémicos de amplio espectro, aplicándolos al inicio de los momentos más favorables para la infección (inicio de lluvias).

10. Virus del enanismo arbustivo de la frambuesa causado por *Raspberry bushy dwarf virus* (RBDV).

Debido a su mecanismo de transmisión (polen), el virus puede ser controlado usando material vegetal libre de virus en lugares lejanos a plantas enfermas. Lo anterior, en las zonas productoras de Costa Rica puede ser difícil ya que existen plantas de mora silvestres que podrían actuar como hospedantes y fuente de inóculo de este patógeno.

Implementar bajas densidades de siembra para evitar la diseminación a través del polen de plantas enfermas a plantas sanas, especialmente en aquellas áreas con presencia del patógeno. La implementación de barreras vivas, en los alrededores de la plantación puede resultar en una medida preventiva para evitar la entrada de polen contaminado proveniente de otras plantaciones y en la medida de lo posible, cultivar en áreas aisladas de otros campos con presencia del patógeno.

La utilización de variedades resistente es la manera más efectiva para el control de este virus fitopatógeno.

La remoción de las flores en el primer año de establecimiento del cultivo es de vital importancia para evitar la infección viral a plantas sanas y permitir al cultivo un desarrollo óptimo en su establecimiento.

Debido a que las enfermedades virales de plantas no tienen cura, la eliminación de plantas enfermas resulta es una excelente medida de manejo para evitar la diseminación del patógeno.

CONTROL DE LAS PRINCIPALES PLAGAS ASOCIADAS AL CULTIVO DE MORA

Dentro de los diferentes métodos y estrategias de control empleados para el manejo de plagas, se encuentran el control químico, los cuales reciben el nombre de plaguicidas y dentro de ellos están incluidos distintos grupos de sustancias clasificados con base en el sitio específico en el que actúan sobre el organismo plaga.

En la actualidad, podemos encontrar en el mercado una gran cantidad de plaguicidas con características toxicológicas, físicas y químicas muy diferentes unos de otros; además, la industria fabricadora de estas sustancias investiga miles de nuevas moléculas para determinar las propiedades de control de estas y así ampliar el campo de opciones en el control químico de las plagas.

Una base indispensable para aplicar las tecnologías de manejo de plagas es la correcta identificación de la especie en cuestión, con el objetivo de determinar las acciones a tomar. Por lo que es indispensable tener la información necesaria para realizar la tipificación de los organismos presentes en el agroecosistema. La identificación de la especie plaga determinará el procedimiento y las técnicas a utilizar para obtener un mejor control.

Elección del método de control a utilizar

Una vez identificada la especie plaga a controlar y teniendo en cuenta las demás consideraciones mencionadas anteriormente, el siguiente paso y de suma importancia es determinar el producto que mejor se ajuste a las necesidades de control para la plaga en cuestión.

Para elegir el mejor tratamiento fitosanitario a aplicar, se debe tomar en cuenta primeramente las opciones disponibles que ofrece el mercado, los modos de de acción, el costo que representa el uso de un producto en particular y su repercusión en el incremento del costo total de producción y por último el tiempo durante el cual será efectiva su aplicación.

Primeramente trataremos de las opciones que ofrece el mercado en cuanto a la diversidad de productos, este aspecto se ve influenciado primordialmente por importancia que representa el cultivo en la zona productiva, por ejemplo en la Zona de los Santos en Costa Rica, donde principalmente se han enfocado a la producción de cafeto, se consiguen con mayor facilidad productos específicos en el control de problemas fitosanitarios de este cultivo, mientras que para el cultivo de mora es difícil encontrar productos aprobados para su usos fitosanitarios en estos cultivos.

El mecanismo de acción, es también un factor a considerar al elegir un plaguicida y que depende del tipo de problema a controlar y la biología de la plaga, relacionando estos dos aspectos se considera la rapidez con la que la plaga alcanza el nivel de daño económico para poder determinar si el producto a aplicar debe ser de contacto, sistémico, ingestión, translaminar o de algún otro mecanismo de acción con el fin de acelerar el proceso de control o tener un margen de tiempo dentro del cual se pueda reducir la densidad poblacional de la plaga sin repercutir directamente con el objetivo productivo del cultivo. Podemos ejemplificar este aspecto con el caso de organismos fitopatógenos como lo son los hongos, bacterias, virus entre otros, los cuales debido a su capacidad reproductiva y la severidad que presentan en condiciones ambientales adecuadas, puede llegar a representar pérdidas de hasta el 100% del cultivo en solo pocos días, mientras que en el caso del control de malezas el periodo en el cual se pueden realizar las acciones de control se puede extender sin que esto se refleje, de manera tan evidente como con los fitopatógenos, en el rendimiento potencial de los cultivos.

Por último pero no menos importante, se debe considerar el costo que representa la adquisición de determinado producto biocida, este costo se debe correlacionar con la importancia del problema fitosanitario a controlar y las características biológicas de dicho problema (severidad, virulencia, capacidad reproductiva, capacidad alimenticia, ciclo biológico, número de generaciones por año o por ciclo de cultivo, capacidad de dispersión y/o diseminación, etc.) así también el valor potencial al que se pretende comercializar el producto. Una vez dicho lo anterior, la elección de un producto acorde a nuestras necesidades y capacidades de producción se puede llevar a cabo teniendo la certeza de que la aplicación del método de control será efectiva, acorde al problema y además no incrementará de manera significativa los costos de producción.

Es de suma importancia adecuarse a la tecnología con la que dispone el productor, ya que es inoperante realizar pruebas con un alto grado tecnológico y que en puestos en práctica en situaciones reales, no brinden los mismos resultados que en trabajos previos.

Equipo de protección personal en el uso de plaguicidas

El equipo de protección personal básico comprende: camisa de manga larga y pantalones largos con doble ruedo, guantes, botas impermeables (tipo bota de hule) de caña alta hasta la rodilla, sombrero de ala ancha o gorra con visera y cobertor en la nuca, delantal impermeable (para la mezcla del plaguicida), anteojos o escudo protector para la cara y un respirador con filtro adecuado para el agroquímico usado, de acuerdo a la peligrosidad del producto y las especificaciones de la etiqueta.

Ropa de trabajo es la que el patrono proporciona a los trabajadores para ser utilizada exclusivamente para ejecutar las labores asignadas en el manejo y uso de agroquímicos (pantalón, camisa de manga larga o kimono, botas impermeables (tipo bota de hule) de caña alta hasta la rodilla).

Personas no autorizadas para manipular o usar agroquímicos

Queda absolutamente prohibidas las labores de manejo y uso de agroquímicos a las siguientes personas:

- ❖ Menores de 18 años.
- ❖ Mujeres embarazadas o en período de lactancia.
- ❖ Alcohólicos.
- ❖ Analfabetas que no comprendan los pictogramas y categorías toxicológicas.
- ❖ Declaradas mentalmente incapaces, y quienes padezcan de retraso mental.
- ❖ Con antecedentes de enfermedades broncopulmonares, cardiacas, epilépticas, neurológicas, gástricas (sin tratamiento médico que pueda ocultar o agravar una intoxicación, como por ejemplo la enfermedad péptica.
- ❖ Que sufren de queratoconjuntivitis, conjuntivitis u otras lesiones de los ojos.
- ❖ Alérgicas o sensibilizadas a algunas de las sustancias con productos químicos utilizados.
- ❖ Con lesiones en la piel.
- ❖ Con enfermedades crónicas hepáticas, renales, hematológicas e inmunológicas.

Elección de plaguicida

Antes de elegir el plaguicida se deben de considerar los siguientes aspectos:
- ❖ Correcta identificación del problema fitosanitario (hongo, insecto, maleza), en caso de desconocimiento del agente causal del problema buscar ayuda ante personal del altamente calificado.
- ❖ Se deben de utilizar únicamente productos que cuenten con registro vigente y que su uso este autorizado para el cultivo en específico y la plaga en cuestión, respetando dosis, época de aplicación, límite máximo de residuos (LMR) e intervalo de seguridad.
- ❖ Rotar plaguicidas con diferente mecanismo de acción de manera que se disminuya el riesgo de resistencia por parte de las plagas o patógenos.
- ❖ Seleccionar aquellos plaguicidas que posean una menor toxicidad y un impacto ambiental menor.

❖ En la medida de lo posible seleccionar plaguicidas que no afecten a la fauna benéfica.

❖ Utilizar plaguicidas cuando el empleo de otras medidas de combate (biológico, etiológico, culturales) no sean efectivas para contrarrestar los efecto negativos.

❖ Antes de cualquier aplicación de plaguicidas, se deben conocer las características y modo de acción del producto que se va a utilizar; cada aplicación estará acompañada por instrucciones claras, detallando la labor, dosificación y técnica de aplicación requerida.

En cada finca o unidad de producción se debe de contar con una lista impresa de los plaguicidas autorizados para los cultivos a cultivar.

Etiquetas y panfletos

La etiqueta de los plaguicidas se define como cualquier material escrito, impreso, grabado o adherido a su recipiente inmediato y en el paquete o envoltorio exterior de los envases para uso o distribución al por menor. El panfleto es una hoja adicional informativa que debe entregare junto con el producto al momento de su compra, en este documento existe información agronómica muy importante para manejar y usar el producto en forma segura y responsable.

Importancia de la etiqueta y el panfleto

La etiqueta y el panfleto son los documentos legales que se requiere sean entregados al comprador, en la mayoría de los países; se exige que dichos documentos estén escritos en el idioma oficial, y que además presenten todos los datos e instrucciones para el manejo y uso seguro y responsable de los plaguicidas, por lo tanto deberán estar escritos en un lenguaje que sea comprensible para el usuario.

Parte de la información aparece en la etiqueta es la siguiente:

❖ Nombre de la empresa formuladora.

❖ Nombre comercial del producto.

❖ Concentración.

❖ Tipo de formulación.

❖ Acción biológica.

❖ Nombre de ingrediente activo.

❖ Precauciones y advertencias de uso (con sus respectivos pictogramas).

❖ Signos y síntomas de intoxicación.

❖ Primeros auxilios, antídoto.

❖ Algunas consideraciones de tipo ambiental (también con pictogramas).

❖ La banda o cinta que identifica su peligrosidad, con sus respectivas frases de advertencia.

En el panfleto, proporciona información adicional a la que aparece en la etiqueta, como son los relacionados al uso agronómico del plaguicida como los siguientes:

❖ Modo de acción,

❖ Equipo de aplicación.

❖ Forma de preparar la mezcla, secuencia.

❖ Recomendaciones de uso contra organismos plaga.

❖ Dosis recomendada.

❖ Intervalos de aplicación.

❖ Tiempo de espera entre la última aplicación y cosecha.

❖ Período de reingreso al área tratada.

❖ Fitotoxicidad.

❖ Compatibilidad, etc.

Uso de la etiqueta y el panfleto

Es indispensable leer información suministrada en la etiqueta y el panfleto ya que de esta manera se pueden aclarar cualquier duda sobre la manera correcta y adecuada de usar un plaguicida. Es importante reconocer que existen por lo menos cinco situaciones, en que es necesario leer la etiqueta y el panfleto, estas son:

❖ Antes de comprar el producto. La elección del producto es más fácil si se lee bien la etiqueta y el panfleto. Ambos documentos permiten identificar fácilmente el producto requerido para tratar el problema que afecta un cultivo. Antes de comprar o usar un producto, el usuario debe conocer los riesgos y problemas que pudiesen surgir.

❖ Antes de dosificar, mezclar y aplicar un producto. La etiqueta y el panfleto contienen instrucciones y advertencias sobre el uso del producto; por eso, siempre es necesario leer ambos documentos antes de dosificar, mezclar o aplicar. Esto dará la seguridad de que el producto se está utilizando correctamente.

❖ Antes de almacenar y transportar el producto. Tanto la etiqueta como el panfleto indican los procedimientos correctos a seguir para el almacenamiento y transporte.

❖ Antes de eliminar envases vacíos. En estos documentos aparecen los procedimientos para desechar en forma correcta los envases vacíos, incluida la actividad del triple lavado.

❖ En el momento en que ocurre un accidente o alguna emergencia ocasionada por el mal manejo de un producto.

Antes de abrir cualquier envase de plaguicida en indispensable leer la información de las etiquetas y panfletos. Ahí se advierte sobre las precauciones que se deben de tener para un uso correcto del producto. Así mismo se encontrará la siguiente información:

Cuadro 2. Información presentada en la etiqueta de un plaguicida.

Lado izquierdo	Centro del producto	Lado derecho
Precauciones y advertencias Equipo de aplicación Síntomas de intoxicación Primeros auxilios Vías de penetración Tratamiento medico	Nombre comercial Clase-grupo químico Nombre genérico Composición química Presentación Antídoto Fabricante	Protección al ambiente Toxicidad para animales Aviso de garantía N^o Registro N^o de lote
	BANDA TOXICOLÓGICA	

Equipo de aplicación de plaguicidas

Para realizar un buen combate de plagas es indispensable contar con los equipos de aplicación adecuados y que los mismos se encuentren en condiciones óptimas para su uso.

Como consideraciones para un manejo adecuado de los equipos de aplicación se debe siempre:

❖ Calibrar el equipo antes de su utilización.

❖ Mantener un programa de revisiones y mantenimiento preventivo con el fin de detectar alguna falla en los equipos de aplicación.

❖ Nunca usar el equipo si contiene fugas,

❖ Realizar un lavado del equipo después de cada aplicación de agroquímicos, para evitar daño al equipo por productos corrosivos y o prevenir contaminación y danos en los cultivos.

Preparación de la mezcla

Para prevenir y controlar los riesgos que puedan afectar la salud de los trabajadores en las labores de preparación de las mezclas, se deben seguir las siguientes medidas de seguridad:

❖ Las labores se realizarán siempre utilizando el equipo de protección personal. De preferencia en compañía de otro trabajador con equipo de protección personal.

❖ Se deben realizar en áreas de trabajo destinados únicamente para este fin, abierto, ventilado, pero no ventoso e iluminado, lejos de las proximidades de fuentes o corrientes de agua que sirvan para el uso humano, animal o que se destinen a riego.

❖ Estas áreas de trabajo deben estar acondicionadas con las medidas de saneamiento básico y atención de emergencias (duchas y fuentes lavajos).

❖ Los recipientes que se utilizan en esta labor deben ser de uso exclusivo para esa función y garantizar la seguridad de los trabajadores.

❖ Como medida de prevención para evitar que el trabajador se vea expuesto a salpicaduras y derrames, los recipientes utilizados para la mezcla y dilución no deben llenarse más arriba de las tres cuartas (3/4) partes de su capacidad.

❖ Como medida de prevención y protección de los riesgos laborales y los daños a la salud, el trabajador no debe agitar la mezcla con la mano.

❖ Los residuos deberán tratarse conforme lo dispone la etiqueta del producto.

❖ Las aguas o residuos del producto de estas labores deben ser recolectadas y dirigidas a un sistema de tratamiento conforme se establece.

Aplicación

Las medidas de salud ocupacional que se deben seguir en la aplicación de agroquímicos son las siguientes:

❖ Debe existir un archivo del profesional que recomienda el uso del plaguicida.

❖ Utilizar la dosis recomendada.

❖ Se hará en las horas frescas del día, en las primeras horas de la mañana o bien en las últimas horas de la tarde. Se debe evitar hacer aplicaciones en las horas donde prevalecen las temperaturas más altas. Se prohíbe la aplicación de agroquímicos de las diez (10) horas a las catorce (14) horas del día.

❖ No se debe trabajar más de cuatro (4) horas seguidas en la aplicación.

❖ Entre una aplicación y otra, el trabajador se debe bañar y cambiar la ropa de trabajo.

❖ Antes de proceder a la aplicación del agroquímico, se debe constatar que el equipo se encuentre en buen estado y no presente derrames.

❖ En el área tratada, únicamente se puede ingresar con el equipo de protección personal y se debe respetar el tiempo de reingreso o tiempo de espera conforme lo indica la etiqueta del producto.

❖ Durante las labores de aplicación, solo deben permanecer los aplicadores en el área tratada. Es responsabilidad del patrono impedir que haya otras personas no relacionadas con esta labor. Además, deberá prohibirse la entrada de animales domésticos a ese campo.

❖ Se deben colocar letreros con la advertencia "PELIGRO ÁREA TRATADA CON PLAGUICIDAS" y con el período de tiempo en el que no se deberá ingresar en los terrenos donde se aplicó plaguicidas. Los letreros se deben retirar al momento de cumplirse el período para el reingreso.

❖ Colocar en un lugar visible en las áreas edificadas, donde se realizan labores de manejo y uso de agroquímicos las medidas de seguridad.

❖ Proporcionar a los trabajadores agua y jabón, para que laven cuidadosamente la parte afectada en caso de contaminación y tener a disposición ropa de trabajo extra para que el trabajador cambie su ropa contaminada.

Mantenimiento de los equipos de aplicación

Todos los equipos de aplicación para uso agrícola deben estar registrados y se deben guardar libres de contaminación y mantenerse en perfecto estado de conservación, por lo cual se deben realizar labores de mantenimiento en los equipos y sus accesorios, según especificaciones del fabricante, quedando debidamente asentadas en un registro tales acciones.

Los residuos de agroquímicos, así como las aguas que se hayan utilizado en el lavado de equipos, deberán ser recolectados y dirigidos a un sistema de tratamiento.

Las labores de descontaminación de los equipos y remanentes de agroquímicos deben ser realizadas por personas debidamente capacitadas y bajo la responsabilidad del Patrono.

Registros

Es necesario que cada unidad de producción lleve una serie de registros con el fin de poder tener un sistema de monitoreo y control de cada una de las actividades. Entre los principales registros que se debe tener son los siguientes:

- Plano de la finca.
- Planilla con la identificación de los lotes, tamaño de los mismos, variedad, fecha de siembra.
- Registro de labores realizadas: riego, fertilización, tratamientos fitosanitarios.
- Registro de análisis de agua de riego, suelo y fertilizantes orgánicos.
- Registro de calibración y mantenimiento de maquinarias.
- Registro de análisis de residuos de fitosanitarios.
- Registro de cantidad de producto cosechado.
- Registros de higiene de los cosechadores y de los implementos utilizados en la cosecha.
- Registro del transporte.

Recomendaciones generales para un manejo agroecológico de problemas fitosanitarios en cultivo de la mora

1. Usar material vegetal élite, libre de enfermedades, insectos y nematodos, para el establecimiento o renovación de parcelas.

2. Realizar periódicamente el muestreo del suelo para mejorar adecuada y oportunamente las condiciones agronómicas del cultivo, efectuando la corrección de cualquier desequilibrio nutricional con base en los requerimientos y deficiencias del cultivo.

3. Llevar a cabo con frecuencia el diagnóstico fitosanitario preventivo (inspecciones), con el fin de determinar los niveles poblacionales de los insectos y la incidencia de enfermedades en la plantación, para diseñar e implementar tácticas y estrategias de manejo integrado.

4. Implementar sistemas de poda en plantas de mora (poda de formación y principalmente poda de saneamiento), donde las condiciones agroecológicas lo permitan; esto con el fin de mejorar la aireación, aumentar la disponibilidad de luz y reducir la incidencia de agentes patógenos.

5. Efectuar la desinfección de herramientas, después de usarlas en una planta, aunque esté aparentemente sana.

6. Utilizar distancias de siembra adecuadas, para evitar la transmisión de estructuras infecciosas por medio del salpique o escorrentía del agua de lluvia, evitándose la contaminación de las plantas cercanas a la planta enferma.

7. Cosechar los frutos en un óptimo estado de maduración, evitándose pérdidas en campo y poscosecha. Con esta acción, se previene el desarrollo de los ciclos biológicos de insectos y enfermedades que utilizan esos frutos como sustrato.

8. Manejar adecuadamente los restos de cosecha y tejido vegetal podado, para evitar la supervivencia, diseminación y desarrollo de organismos perjudiciales (inóculo primario, secundario y refugio).

9. Usar agroquímicos (fungicidas e insecticidas) cuando sea necesario, permitidos y recomendados al tipo de actividad (orgánica o convencional), para combatir las enfermedades e insectos diagnosticados, en la dosis, la forma y la frecuencia apropiada, asesorado por el técnico o especialista agrícola.

10. Prevenir la aparición de resistencia en insectos y enfermedades al emplear productos fitosanitarios, monitoreando las poblaciones de insectos plaga y el nivel de ataque de una enfermedad, para posteriormente, aplicar tratamientos e implementar estrategias como rotar o mezclar productos compatibles, pero con diferente modo de acción, cuando estén causando pérdidas económicas relevantes.

11. Aplicar agentes de control biológico (hongos entomopatógenos, predadores, parasitoides, etc.); creando asociaciones y alianzas entre entidades públicas o privadas, para que grupos organizados de agricultores puedan capacitarse e incursionar en la reproducción masiva y liberación de enemigos naturales, de ser posible aislados u colectados *in - situ*.

Glosario

(Basado en Snowdom 1990, Rivera 1991, Hawksworth *et al.* 1995, RAE 2001, Solís 2002, Agrios 2005, Bushway *et al.* 2008; con modificaciones).

Abdomen: última sección del cuerpo de los insectos, unida al tórax. No tiene patas ni alas y en él se encuentra la mayoría de los órganos internos, incluyendo los genitales. Tiene un máximo de 12 segmentos.

Abiótico: factor no animado que afecta la planta, causándole lesiones o influenciando su funcionamiento.

Acérvulo: cuerpo fructífero asexual, subepidérmico y en forma de plato que produce conidios en conidioforos cortos típicos de los Coelomycetes.

Aecio: cuerpo fructífero (en forma de copa invertida) de las royas que produce las aeciósporas.

Agalla: dilatación o crecimiento excesivo que se produce en las plantas como resultado de la infección por ciertos organismos.

Anamorfo: fase asexual o mitospórica de un hongo.

Antena: apéndice sensorial (para tacto y olfato) multisegmentado que nace a cada lado de la cabeza de los insectos.

Antena bipectinada: con una rama a cada lado del flagelo.

Antena pectinada: con forma similar a los dientes de un peine.

Antracnosis: enfermedad caracterizada por la presencia de manchas en las hojas, frutos o tallos, con numerosos acérvulos.

Apical: situado en el extremo opuesto del origen.

Ápice: punta o extremo superior de una estructura u órgano.

Ápoda, do: carente de patas.

Apresorio: extremo hinchado de una hifa o tubo germinativo que facilita la fijación y penetración de un hongo en su hospedante.

Artrópodo: animal que tiene un esqueleto externo (exoesqueleto) y apéndices articulados en pares, tales como antenas, mandíbulas y patas. Su cuerpo está dividido en segmentos.

Asca: estructura en forma de saco dentro de la cual se produce las ascosporas (generalmente en número de ocho).Típica de hongos del filum Ascomycota.

Ascocarpo: cuerpo fructífero que porta o contiene las ascas y ascosporas.

Ascoma: cuerpo fructífero de los ascomicetes.

Ascospora: espora sexual de los Ascomicetes, que se produce dentro de un asca.

Asexual: forma de reproducción donde no hay intercambio de material genético, también se le llama reproducción vegetativa.

Basidio: estructura típica de los hongos pertenecientes al filum Basidiomycota, sobre el cual se producen las basidiosporas.

Basidiospora: espora sexual de los Basidiomycetes, localizada sobre un basidio.

Biótico: factor biológico que afecta el funcionamiento y el desarrollo de las plantas.

Capullo: cubierta protectora de la pupa, compuesta de seda y otros materiales tejidos por la larva antes de pupar; brinda protección ante la desecación y los depredadores. Es la pupa de las polillas y muchas mariposas nocturnas.

Carpelo: los carpelos son hojas que forman la parte reproductiva femenina de la flor de las plantas angiospermas.

Clamidospora: espora asexual o célula de una hifa, rodeada de una pared celular gruesa. Se forma al final de las hifas (terminal) o en células intermedias (intercalar) y su función es como una estructura de reposo.

Clorofila: pigmento verde de las plantas que permite la fijación del anhídrido carbónico en la fotosíntesis.

Clorosis: amarillamiento de los tejidos normalmente verdes, debido a la destrucción de la clorofila o a la imposibilidad de sintetizarla.

Coalescer: capacidad de las cosas de fundirse o unirse a otros.

Conidio: espora de origen asexual producida por hongos fitopatógenos sobre los conidioforos. También llamada conidiospora.

Conidioforo: hifa especializada sobre la cual se forman una o más conidios en forma terminal o lateral.

Comisura: punto de unión de ciertas partes similares del cuerpo.

Corium o cáscara: envoltura que protege el embrión.

Coxa: primer segmento basal de la pata, articulado al tórax.

Cripsis o camuflaje: fenómeno por el que un animal presenta adaptaciones que lo hacen pasar desapercibido a los sentidos de otros animales. El ser vivo se asemeja al propio entorno donde vive para asegurar su supervivencia.

Crisálida: la pupa de las mariposas diurnas.

Cutícula: es la capa más exterior del tegumento, constituida principalmente por cera y cutina.

Cutina: sustancia no suberificada contenida en la cutícula.

Defoliación: caída prematura de las hojas de una planta causada por factores bióticos o abióticos.

Depredador: que ataca y mata a otro individuo para alimentarse.

Diseminación: transferencia del inóculo desde su fuente hasta las plantas sanas.

Dimorfismo sexual: variaciones en la fisonomía externa, como forma, coloración o tamaño, entre machos y hembras de una misma especie.

Drupa: es un fruto de mesocarpio carnoso, coriáceo o fibroso que rodea un endocarpio leñoso (comúnmente "hueso") con una solo semilla en su interior.

Eclosionar: es cuando la cría sale de su huevo.

Ectoparásito: organismo parásito que se vive en la superficie del hospedero.

Enanismo: crecimiento subnormal o deficiente de una planta.

Endoparásito: organismo parásito que se desarrolla en el interior del hospedero.

Epidermis: capa superficial de células que envuelve a un organismo y lo protege de los agentes exteriores, como pérdida de agua, parásitos y otros factores.

Epidemia: brote severo y ampliamente difundido de una enfermedad. Incremento de una enfermedad en una población.

Epífisis: proyección en forma de espina, espolón u hoja en la tibia de la pata anterior de los miembros de muchas familias de lepidópteros, que es utilizada para la limpieza de sus antenas y partes bucales.

Escama: estructura en forma de pelo o lámina lisa sobre el cuerpo y las alas de los lepidópteros. Contiene pigmentos y adhiere a la cutícula a través de un pedicelo.

Escapo: el primer segmento de las antenas de los insectos, unido a la cabeza.

Esclerocio: masa compacta de micelio, con una cubierta oscura endurecida y capaz de sobrevivir de forma latente bajo condiciones ambientales desfavorables, hasta encontrar condiciones para reactivar su crecimiento.

Esclerotizado: que posee escleritos, láminas duras, quitinosas o calcáreas.

Escuto: cualquier placa dura ya sea quitinosa o de hueso, en el cuerpo de un insectos; generalmente cumple funciones de protección.

Espinas: proyecciones de la cutícula, multicelulares, huecas e inmóviles. Sirven para la defensa y el apoyo estructural.

Espora: estructura reproductiva de un organismo constituida por una o más células. Tiene una función análoga a una semilla pero sin embrión.

Esporangio: propágulo de reproducción asexual que puede actuar como un conidio o puede convertir su contenido en esporas.

Esporangióforo: hifa especializada que soporta uno o varios esporangios.

Esporangiopora: espora asexual inmóvil que se produce dentro del esporangio.

Esporodoquio: cuerpo fructífero constituido por un grupo de conidioforos formados sobre un seudoestroma.

Estadio: cada etapa en el desarrollo de los insectos hasta llegar a la madurez sexual.

Estado imperfecto: parte del ciclo de vida de un hongo en el cual no se producen esporas sexuales, también conocido como anamorfo o estado mitospórico.

Estado perfecto: fase sexual en el ciclo biológico de un hongo, conocido como teliomorfo.

Esterigma: pequeño pedicelo que sostiene un esporangio, conidio o basidióspora.

Estilete: estructura relativamente larga, delgada y hueca, utilizada por el nematodo para nutrirse. Una estructura análoga tienen los insectos chupadores.

Estoma: abertura natural rodeada por células guardianes, ubicada en las hojas y tallos de las plantas.

Estroma: tejido compactado constituido por micelio y que suele servir de sostén o albergue a los órganos de la fructificación en los hongos.

Errumpente: hinchado hasta llegar a romper la superficie externa, cutícula o epidermis.

Etiología: parte de la patología que tiene por objeto estudiar las causas de las enfermedades.

Exoesqueleto: recubrimiento generalmente duro que envuelve el cuerpo de los artrópodos y proporciona sostén (esqueleto externo). Protege de los enemigos naturales y de la desecación.

Exudado: secreción líquida de los tejidos sanos o enfermos.

Exuvia: es la cutícula (exoesqueleto) que abandona los insectos tras la muda

Fémur: tercer segmento de la pata, entre el trocánter y la tibia, generalmente el más largo y robusto.

Filiforme: estructura que tiene forma de hilo o filamento.

Fitófago: animal que se alimenta de tejidos vegetales.

Fitopatógeno: término que se aplica a los microorganismos capaces de producir enfermedades en las plantas.

Flagelo: tercer segmento de la antena, después del escapo y el pedicelo (Insectos). Apéndice flexible y ondulante, utilizado por algunos microorganismos para movilizarse.

Foliolo: cada una de las piezas separadas en que a veces se encuentra dividido el limbo de una hoja. Cuando el limbo foliar está formado por un solo foliolo, es decir no está dividido, se dice que la hoja es una hoja simple. Cuando el limbo foliar está dividido en foliolos se dice que la hoja es hoja compuesta.

Fotosíntesis: proceso de síntesis de carbohidratos por intervención de la luz, agua, anhídrido carbónico y clorofila.

Fumagina: crecimiento de diferentes especies de hongos saprófitos sobre secreciones azucaradas que producen varios insectos del orden Hemiptera, sobre los órganos de la planta (hojas, tallos y frutos), formando una capa de color negro como "hollín".

Fusiforme: de forma redondeada, más largo que grueso, que va adelgazándose desde el medio hacia los dos extremos.

Genotipo: suma de todos los genes de un organismo; una combinación genética definida.

Haustorio: hifa especializada de un hongo cuya función es absorber nutrientes de las células del hospedante.

Hialino: condición de un organismo o parte de él que lo hace incoloro, transparente, semejante al vidrio.

Hifa: cada uno de los filamentos constituyentes del micelio, talo o cuerpo vegetativo de los hongos y Oomycetes.

Hifopodio: apéndice de una hifa para sujetar el micelio al hospedero, característico de los meliolales.

Hirsuto: cubierto de tricomas, pelos largos, púas o espinas dispersas bastante rígidas.

Hospedante: planta invadida por un parásito y de la cual éste obtiene sus nutrientes.

Hospedante alterno: uno de dos tipos de planta en el que un hongo parásito debe desarrollarse para completar su ciclo de vida.

Hospedero: organismo que hospeda a otro ser viviente.

Huevo: célula simple capaz de ser fertilizada, que contiene la yema necesaria para la nutrición y está cubierta por una membrana.

Infección: establecimiento de la relación patogénica hospedero: parásito, establecimiento del patógeno en el hospedero después de la penetración.

Infestación: invasión de un organismo vivo por agentes parásitos externos o internos.

Inóculo: estructura o propágulo infeccioso de un patógeno capaz de producir una infección.

Inóculo primario: propágulos de un patógeno que originan las infecciones primarias.

Inóculo secundario: inóculo que se produce a partir de las infecciones primarias de un patógeno.

Integumento: capa superior de los insectos, comprende la epidermis y la cutícula.

Jaspeado: varios colores entremezclados como el jaspe.

Larva: estado inmaduro o juvenil de por el que pasan los seres vivos con metamorfosis, donde aún no tienen la anatomía, fisiología y ecología propia de los adultos de su especie.

Lesión: área o región definida de la planta, caracterizada por un cambio morfo fisiológico en la misma.

Ligamaza: sustancia viscosa y azucarada que expelen algunos insectos del orden hemíptera.

Limbo: es la lámina que comúnmente forma parte de la anatomía de una hoja. La cara superior se llama haz y la inferior envés.

Macroconidio: término usado cuando un hongo produce conidios grandes y pequeños, para referirse exclusivamente a los de mayor tamaño; a los otros se les llama microconidios.

Mancha: lesión definida, por lo común clorótica o necrótica, que difiere en color de los tejidos circundantes.

Mancha foliar: lesión formada sobre la hoja.

Marchitez: pérdida de rigidez y caída de los órganos de la planta por lo general debido a la falta de agua en su estructura.

Mandíbulas: estructuras adaptadas para cortar o triturar el alimento. Pueden estar modificadas para constituir parte de los órganos picadores - chupadores.

Maza antenal: engrosamiento de algunos antenómeros de las antenas en su extremo.

Mesotórax: segundo segmento del tórax; posee un par de patas y en los insectos adultos también puede tener un par de alas.

Metamorfosis: cambios o transformaciones. Paso a través de uno o más estados de un insecto hasta llegar a la fase de adulto. Proceso por el cual un organismo cambia de forma.

Metatórax: tercer segmento del tórax; posee un par de de patas y en los insectos adultos también puede tener un par de alas.

Micelio: cuerpo vegetativo o talo de los hongos, constituido por un conjunto de hifas.

Microscópico: algo de dimensiones muy pequeñas, que puede observarse sólo mediante el microscopio.

Mildiú: enfermedad causada por hongos del orden Peronosporales, caracterizada por producir manchas amarillas en el haz de las hojas y una vellosidad blanca en el envés (mildiú velloso). Otro tipo de mildiú es el polvoso, el cual da un crecimiento blanquecino y polvoso en el haz o el envés de las hojas.

Mimetismo: habilidad que ciertos seres vivos poseen para asemejarse a otros seres de su entorno (con los que no guarda relación) y a su propio entorno para obtener alguna ventaja funcional.

Moho: desarrollo del micelio de un hongo sobre una superficie.

Momificado: fruto seco (deshidratado) y rugoso.

Moteado: disposición irregular de áreas claras y oscuras indistintas sobre diferentes partes de una planta.

Muda o ecdisis: cambio de cutícula o exoesqueleto de los insectos o nematodos.

Necrosis: muerte de los tejidos con el desarrollo de una coloración generalmente oscura.

Necrótico: muerto y decolorado.

Néctar: sustancia azucarada que secretan las plantas, producida por las flores u otras estructuras y con frecuencia aromática. Es el alimento principal de muchos insectos, especialmente abejas, hormigas, mariposas y moscas.

Nematodos: organismos en forma de gusano, generalmente microscópicos que viven como saprófitos en el agua o en el suelo o como parásitos de plantas y animales.

Neotenia: persistencia de caracteres larvarios o juveniles después de haberse alcanzado el estado adulto.

Ninfa: el estado inmaduro de un insecto con metamorfosis incompleta que nace con una forma similar a la del adulto.

Nódulo: abultamiento de las raíces, causada por infecciones de nematodos o la asociación con bacterias fijadoras de nitrógeno en las leguminosas.

Ocelo: ojo simple situado en la cabeza, compuesto de un solo lente. Los insectos suelen tener tres ocelos, pero en el orden Lepidoptera el tercero está ausente.

Oospora: espora sexual de pared celular gruesa que se forma por fecundación de una oosfera, en Oomycetes. Es una estructura de supervivencia.

Ostíolo: abertura en forma de poro de los peritecios y los picnidios, a través de las cuales salen las esporas del cuerpo fructífero.

Oviposición: acción por la cual la hembra de los insectos pone los huevos en el sustrato.

Ovipositor: órgano femenino con el cual la hembra de los lepidópteros pone los huevos en el sustrato.

Ovisaco: estructura compuesta por sustancias cerosas o filamentosas, que se observa en la parte posterior de las hembras de algunos hemípteros, donde depositan los huevecillos.

Palpo: extensión sensorial de las piezas bucales, fina, parecida a una pata.

Palpo labial: apéndice del labio de los insectos, compuesto de uno a cuatro segmentos.

Palpo maxilar: apéndice de la mandíbula de los insectos, compuesto de uno a siete segmentos.

Parásito: organismo que vive a expensas de otro. Cuando vive indistintamente de la materia viva o muerta se le llama parásito facultativo. Si solamente puede crecer y multiplicarse sobre tejidos vivos de un organismo, es un **parásito obligado**.

Parasitoide: organismo que se alimenta de otro (el hospedero), consumiéndolo todo o la mayoría de sus tejidos y causándole la muerte. El parasitoide completa su desarrollo alimentándose de un solo individuo.

Patas: apéndices torácicos utilizados para la locomoción. Están formados por coxa, trocánter, fémur, tibia y tarso.

Patógeno: organismo capaz de producir enfermedad.

Pedicelo: segundo segmento de las antenas, situado entre el escapo y el flagelo. En fitopatología se refiere a una columna carnosa que sostiene el sombrero de las setas.

Pedúnculo: base que soporta un órgano u otra estructura.

Penetración: mecanismo mediante el cual un patógeno se traslada al interior de su hospedante.

Período de incubación: período comprendido entre la penetración de un patógeno en su hospedante y la manifestación de los primeros síntomas de la enfermedad.

Peritecio: ascocarpo en forma de pera o globular que tiene una abertura o poro, a través del cual salen las ascosporas.

pH: medida de acidez real de un medio en la cual 7.0 significa neutralidad, valores superiores a él significan alcalinidad y los inferiores acidez.

Picnidio: cuerpo fructífero asexual, generalmente ostiolado, propio de los hongos Coelomycetes, del orden Sphaeropsidales, en su interior se desarrollan conidioforos y conidios.

Planta hospedera: planta de la cual se alimentan las larvas de los lepidópteros y en la cual se desarrollan.

Polidrupa: es un fruto en el que diferentes carpelos forman drupas que se insertan en el mismo receptáculo. Son típicas de las Rosaceae, particularmente del género *Rubus*.

Polífago: organismo parásito que ataca hospederos pertenecientes a varias familias botánicas.

Probóscide: lengua en forma de espiral en los adultos de lepidóptera, que se extiende para succionar nutrientes líquidos y agua.

Pronoto: cara superior del protórax de los insectos.

Propágulo: cualquier parte de un organismo o microorganismo entero, que sirve para reproducirlo.

Protórax: primer segmento del tórax, donde se encuentra el primer par de patas de un insecto.

Pudrición: desintegración enzimática de los tejidos de una planta por una infección fúngica o bacteriana, algunas son suaves y acuosas; otras secas y duras.

Prepupa: breve periodo de quiescencia que precede al estado pupal en algunos insectos

Pupa (crisálida): etapa de desarrollo por el que pasan algunos insectos con metamorfosis completa, que los lleva del estado de larva al de imago o adulto. En las mariposas diurnas se llama crisálida.

Pústula: lesión subepidérmica abierta, formada por la aglomeración de esporas que sobresalen del tejido; típica de las royas.

Quiescencia: detención del desarrollo, motivado por condiciones ambientales desfavorables.

Receptáculo: extremo ensanchado o engrosado del pedúnculo, casi siempre carnoso, donde se asientan los verticilos de la flor o las flores de una inflorescencia.

Reproducción asexual: cualquier forma de reproducción que no implique la fusión de gametos y posterior meiosis.

Resistente: que tiene la cualidad de impedir el desarrollo de un determinado patógeno.

Roya: enfermedad de origen fungoso, caracterizada por la presencia de pústulas amarillas, naranja, oscuras o casi negras, que rompen la epidermis y dejan libre numerosas esporas dando una apariencia polvosa.

Saprófito: organismo que obtiene sus nutrientes a partir de materia orgánica en descomposición o de los residuos procedentes de otros seres vivos.

Seda: proteína endurecida, continua y filamentosa producida por las glándulas labiales de las larvas de Lepidoptera.

Semiendoparásito: organismo que se fija profundamente al hospedero, dejando parte del cuerpo al exterior.

Septo: pared transversal de las hifas o esporas de un hongo.

Seta: proyección de la cutícula en forma de pelo, cuya base está circundada por un pequeño anillo. Estructuras estériles que acompañan a ciertos cuerpos fructíferos de los hongos.

Seudoestroma: falso estroma

Signo: es la manifestación directa externa y visible del organismo que actúa. Es por ejemplo, el micelio en el caso de los hongos, o la oviposición en el caso de los insectos.

Síntoma: reacciones o alteraciones internas o externas que produce el agente causal en el hospedero. La secreción de sustancias, pudriciones, debilitamiento, clorosis y otras manifestaciones de un problema fitosanitario.

Susceptible: que carece de la capacidad de resistir a las enfermedades o al ataque de ciertos organismos.

Sustrato: material o sustancia sobre el cual actúan las enzimas. Tejido o medio sobre el cual se alimenta y desarrolla un microorganismo.

Tarso: último segmento de la pata de los insectos; suela estar dividido en tarsómeros.

Tarsómero: cada una de las partes en las que se divide el tarso en las patas de los insectos.

Telio: estructura fungosa en el ciclo de las royas sobre la cual se producen las teliosporas o esporas de reposo.

Teliospora: espora de resistencia de los carbones y las royas.

Tegumento: membrana que cubre el cuerpo o algún órgano interno del animal.

Tibia: cuarto segmento de la pata de los insectos, situado entre el fémur y el tarso; largo, delgado y a menudo con espinas.

Tórax: segunda división del cuerpo (entre la cabeza y el abdomen) de un insecto, donde están los órganos de la locomoción (patas y alas).

Trocánter: segundo segmento de la pata (desde el cuerpo), entre la coxa y el fémur.

Tubo germinativo: crecimiento inicial del micelio debido a la germinación de las esporas de un hongo.

Túnica: membrana que recubre las ascas. Puede ser simple (ascas unitunicadas), o doble (ascas bitunicadas).

Uredospora: espora de reproducción asexual en las royas.

Vascular: referente a tejidos conductores de la planta.

Vector: agente que sirve como medio de trasmisión de un organismo a otro. Estos pueden ser insectos, nematodos, ácaros, el hombre, etc. capaces de transportar un patógeno a una planta sana.

Vegetativo: asexual, somático.

Venación: sistema completo de venas del ala de una mariposa.

Vermiforme: tipo de larva ápoda que se caracteriza por tener forma de cono truncado (troncocónica), alargada, con la cabeza en el extremo más puntiagudo.

Vestíbulo: especie de cobertura o bolsón que elabora la larva con los astillas del tejido descortezado alrededor de la entrada del túnel, excremento e hilos de seda.

Virus: ente submicroscópico, parásito obligado compuesto de ácido nucleico y proteínas.

Bibliografía

Agrios, GN. 2005. Plant pathology. 5 ed. Elsevier Academic Press. Florida, US. 948p.

Andena, S; Carpenter, J; Pickett, K. 2009. Phylogenetic analysis of species of the neotropical social wasp *Epipona latreille*, 1802 (Hymenoptera, Vespidae, Polistinae, Epiponini). (en línea). ZooKeys 20: 385-398 (2009). Consultado 6 jul. 2010. Disponible en http://www.socialwasps.com/Pickett_Lab_of_Vespid_Taxonomy/Publications.html

APS (American Phytopathological Society, US). 1991. Compendium of raspberry and blackberry diseases and insects. Edited by Ellis, MA; Converse, RH; Williams, RN; Williamson, B. APS Press, St. Paul, Minnesota, US. 100p.

APS (The American Phytopathological Society). 1996. Compendium of cucurbit diseases. Edited by Zitter, TA; Hopkins, DL; Thomas, CE. APS Press. St. Paul, Minnesota, US. 87p.

Arguello, H; Gladstone, SM. 2001. Guía ilustrada para identificación de especies de zompopos (*Atta* spp. y *Acromyrmex* spp.) presentes en el Salvador, Honduras y Nicaragua. (en línea). HN. Consultado 10 jun. 2008. Disponible en http://www.nisperal.org/docs/Zompopos_guiap114.pdf

Ayala, R.1999. Revisión de las abejas sin aguijón de México (Hymenoptera: Apidae: Meliponini). (en línea). Jalisco, MX. Consultado 20 jun. 2008. Disponible en http://www.culturaapicola.com.ar/apuntes/meliponas/411_Ayala1.pdf

Barnett, HL; Hunter, BB. 1998. Illustrated genera of imperfect fungi. APS Press. 4 ed. St. Paul, Minnesota, US. 218p.

Bentley, WJ. 2010. Leafrollers on ornamental and fruit trees. Integrated pest management for home gardeners and landscape professionals. (en línea). Integrated Pest Management

Program (IPM Program). University of California, Davis. US. Consultado 23 ago. 2011. Disponible en http://www.ipm.ucdavis.edu/PMG/PESTNOTES/pn7473.html

Booth, C. 1977. *Fusarium*. Laboratory guide to the identification of the major species. Common wealth Mycological Institute, Ferry Lane, Surrey, UK. 58p.

Brown, J; Nishida, K. 2003. First record of larval endophagy in Euliini (Tortricidae): a new species of *Seticosta* from Costa Rica. Journal of the Lepidopterists Society. 57(2):113-120.

Bushway, L; Pritts, M; Handley, D. 2008. Raspberry & blackberry production guide for the northeast, midwest, and eastern Canada. NRAES (Natural Resource, Agriculture, and Engineering Service). Ithaca, New York. US. 157p.

CABI (Centre for Agricultural Bioscience International), 2005. Crop protection compendium. (en línea). Wallingford, UK: CAB International. Consultado 21 abr. 2006. Disponible en http://www.cabicompendium.org/cpc.

Castro, JJ; Cerdas, MM. 2005. Mora (*Rubus* spp.) cultivo y manejo poscosecha. MAG (Ministerio de Agricultura y Ganadería). UCR (Universidad de Costa Rica). CNP (Consejo Nacional de la Producción). San José, CR. 75p.

Chacón, I; Montero, J. 2007. Mariposas de Costa Rica / Butterflies and moths of Costa Rica. Editorial INBio. Santo Domingo, Heredia, CR. 624p.

CICO (Centro de Información e Inteligencia Comercial). 2009. Perfil de mora. (en línea). EC. Consultado 7 mar. 2011. Disponible en: http://www. pucesi. edu. ec/pdf/mora.pdf

Coto, D; Saunders, J. 2003. Insectos plagas de cultivos perennes con énfasis en frutales en América Central. CATIE (Centro Agronómico Tropical de Investigación y Enseñanza), Turrialba, CR. 420p.

Coto, D. 2000. Hoja Técnica: Gallinas ciegas como plagas de cultivos anuales y perennes. (en línea). Revista Manejo Integrado de Plagas # 55. CATIE (Centro Agronómico Tropical de Investigación y Enseñanza). Turrialba, CR. Consultado 26 jun. 2009. Disponible en: http://web.catie.ac.cr/informacion/rmip/rmip55/tc55.htm

Coto, D.1998. Estados inmaduros de insectos de los órdenes Coleoptera, Diptera y Lepidoptera: Manual de reconocimiento. CATIE (Centro Agronómico Tropical de Investigación y Enseñanza). Serie Técnica. Manual Técnico No. 27. Turrialba, CR 153p. CR

Cummins, BG; Hiratsuka, Y. 2003. Ilustrated genera of rust fungi. APS Press. 3 ed. St. Paul, Minnesota, US. 223p.

Escoto, A. 1994. Cultivo de la mora. Editorial Tecnológica. ITCR (Instituto Tecnológico de Costa Rica). Cartago, CR. 80p.

Ferreira de Araujo, PR.; da Silva, V; Rodrigues, A; Gevehr, C; Silva, JA.; da Silva, R. 2011. Benefits of blackberry nectar (*Rubus* spp.) relative to hypercholesterolemia and lipid peroxidation. (en línea). Nutr Hosp. 26(5): 984-990. Consultado 26 feb. 2012. Disponible en: http://scielo.isciii.es/scielo.php?script=sci_pdf&pid=S0212-16112011000500010&lng=es&nrm=iso&tlng=en

Finn, CE; Clark, JR. 2011. Emergence of blackberry as a world crop. (en línea). Chronica Horticulturae. Horticultural Science News. 51(3): 13-18. Consultado de may. 2012. Disponible en: http://www.ars.usda.gov/SP2UserFiles/person/1718/2011%20Chronica%20Hort%2051-13-18.pdf

Freckman, WD; Caswell, E. 1985. The ecology of nematodes in agroecosystems. Ann. Rev. Phytopathol. 23: 275 - 296.

Franco, G; Giraldo, MJ. 1999. El cultivo de la mora. CORPOICA. Cali, CO. 78p.

Gagné, RJ. 1989. The plant-feeding gall midges of North America. Cornell University Press. Ithaca, New York, US. 356p.

García, J; Gaiani, M. 1994. El género *Synoeca* De Saussure 1852, en Venezuela (Hymenoptera: Vespidae, Polistinae, Polybiini). (en línea). Bol. Entomol. Venez. N.S. 9(2): 151-160. Consultado 23 jul. 2010. Disponible en http://avepagro.org.ve/entomol/v09-2/v0102a02.html

Godoy, C; Miranda, X; Nishida, K. 2006. Membrácidos de la América Tropical: Treehoppers of Tropical America. Editorial INBio. Santo Domingo, Heredia, CR. 352p.

González, H. 2007. Nematodos fitoparásitos que afectan frutales y vides en chile. (en línea). Santiago, CL. INIA (Instituto de investigaciones Agropecuarias). Boletín INIA N°149, 176p. Consultado 23 jul. 2010. Disponible en http://www.inia.cl/link.cgi/documentos/catalogo/boletines/287

Goodey, JB; Franklin, MT; Hooper, DJ. 1965. The nematodes parasites of plants cataloged under their hosts. 3 ed. Commonwealth Agricultural Bureaux. UK. 553p.

Greeney, H; Walla, T; Lynch, R. 2010. Architectural changes in larval leaf shelters of *Noctuana haematospila* (Lepidoptera: Hesperiidae) between host plant species with different leaf thicknesses. (en línea). Zoologia. 27(1): 65-69. Consultado 20 jul. 2010. Disponible en http://www.scielo.br/pdf/zool/v27n1/a10v27n1.pdf

Greeney, H; Warren, A. 2004. The life history of *Noctuana haematospila* (Hesperiidae: Pyrginae) in Ecuador. (en línea). Journal of the Lepidopterists Society 59(1): 2004. EC. Consultado 20 jul. 2010. Disponible en htt://www. Yanayaca-org/ Ecuador_nest/ publicaciones/ Greeney %26 Warren 2004.Pdf

Grehan, JR; Rawlins, JE. 2003. Larval description of a new world ghost moth, *Phassus* sp., and the evolutionary biogeography of wood-boring Hepialidae (Lepidoptera: Exoporia: Hepialoidea). (en línea). Entomological Society of Washington. US. 773 - 755pp.

Consultado 3 oct. 2011. Disponible en Http://www.archive.org/details/cbarchive_42525_larvaldescriptionofanewworldgh1884

Grehan, JR. 1987. Life cycle of the wood borer *Aenetus virecens* (Lepidoptera: Hepialidae). New Zealand Entomologist. 7(4): 413-17.

Grehan, JR. 1979. Larvae of *Aenetus virecens* (Lepidoptera: Hepialidae) in decaying wood. New Zealand Journal of Zoology. 6: 583-86.

Hampson, GF. 1901. Catalogue of the Lepidoptera Phalaenae in The Britanish Museum. Catalogue of the Arctiadae (Arctianae) and Agaristidae in the collection of the British Museum. (en línea). British Museum (Natural History).Volumen III. London, UK. 346p. Consultado 08 ago. 2011 Disponible en http://www.archive.org/stream/catalogueoflepidop03brituoft#page/346/mode/1up

Hanlin, RT. 1997. Illustrated genera of ascomycetes. Volumen I. Fourth printing. APS Press .St. Paul, Minessota, US. 263p.

Hawksworth, DL; Kirk, PM; Sutton, BC; Pegler, DN. 1995. Dictionary of the fungi. 8 ed. International Mycological Institute. London, UK. 616p.

Jaffé, K. 1993. El mundo de las hormigas. (en línea). Editorial Equinoccio. Universidad Simón Bolívar, BO. 190p. Consultado 12 jul. 2011. Disponible en http://www.slideshare.net/tarantulas/el-mundo-de-las-hormigas.

Jenkins, WR. 1964. A rapid centrifugal-flotation technique for separating nematodes from soil. Plant Disease Reporter 48: 692p.

Janzen, DH; Hallwachs, W. 2009. Dynamic database for an inventory of the macrocaterpillar fauna, and its food plants and parasitoids, of Area de Conservacion Guanacaste (ACG), northwestern Costa Rica. (en línea). San José, CR. Consultado 14 Jul. 2010. Disponible en http://janzen.sas.upenn.edu/caterpillars/database.lasso

Jennings, DL. 1988. Raspberries and blackberries: their breeding, diseases and growth. Academic Press. London, UK. 230p.

King, ABS; Saunders, JL.1984. Las plagas invertebradas de cultivos anuales alimenticios en América Central: Una guía para su reconocimiento y control. CATIE (Centro Agronómico Tropical de Investigación y Enseñanza). Turrialba, CR.182p

Larraín, A. 2002. Nematodos en raíces de nuevos portainjertos en frutales de corozo en chile. (en línea). Tesis (Ing. Agr.). Santiago, CL. PUCC (Pontifica Universidad Católica de Chile). 56p. Consultado 7 jul. 2011. Disponible en http://www.portainjertosduraznero.cl/docs/tesis%20andres%20larrain.pdf

Longino, J. 2003. Ants of Costa Rica. (en línea). The Evergreen State College, Olympia WA 98505. US. Consultado 5 jul. 2010. Disponible en http://academic.evergreen.edu/projects/ants/AntsofCostaRica.html

Machín, T. 1991. Plagas y enfermedades forestales en América Central: guía de campo. (en línea). CATIE (Centro Agronómico Tropical de Investigación y Enseñanza), Turrialba, CR. 185p. Consultado 3 oct. 2011. Disponible en http://books.google.co.cr/books.

Magunacelaya, J. 1995. Principales nematodos que afectan a los frutales de hoja caduca y la vid. Biología, sintomatología y evaluación de daños. (en línea). Biblioteca digital de la UC (Universidad de Chile). Consultado 7 jul. 2011. Disponible en http://mazinger.sisib.uchile.cl/repositorio/lb/ciencias_agronomicas/miscelaneasagronomi cas41/c20.html

Mexzón, R; Chinchilla, C; Rodríguez, R. 2003. The bag worm, *Oiketicus kirbyi* Lands Guilding (Lepidoptera: Psychidae): a pest of the oil palm. (en línea). ASD Oil Palm Papers. 25: 17-28. 2003. CR. Consultado 5 abr. 2010. Disponible en http://www.asd-cr.com/paginas/english/articulos/bol25-2en.html

Monasterio, Y; Escobés, R. 2008. Primeros registros del género *Orgyia* (Lepidoptera: Lymantriidae, Orgyinae) de la Rioja y aportaciones sobre su biología, ecología y conservación. (en línea). Sociedad Entomológica Aragonesa, 43: 505-509. Consultado 06 oct. 2011. Disponible en http://www.asociacion-zerynthia.org

Moreno, G. 1989. Biología de las especies de *Phassus* y *Aepytus* (Lepidóptera: Hepialidae) en localidades de elevación media de Costa Rica. Tesis Lic. Biol. Trop. Heredia, CR. UNA (Universidad Nacional). 161p.

Moreno, O; Serna, F. 2006. Biología de *Peridroma saucia* (lepidoptera: Noctuidae = noctuinae) en flores cultivadas del híbrido comercial de A*lstroemeria* spp. (en línea). CO. Revista Facultad Nacional de Agronomía, 59 (2). Consultado 7 jul. 2010. Disponible en http://www.agro.unalmed.edu.co/publicaciones/revista/docs/3biologia de Peridroma.pdf

Muñoz, M; Juárez, M. 1995. El mercado mundial de la frambuesa y zarzamora. (en línea). Consultado 26 mar. 2012. Disponible en http://www.infoaserca.gob.mx/proafex/FRAMBUESA_Y_ZARZA.pdf

Nadkarni, N; Wheelwright, N. 2000. Monteverde: ecology and conservation of a tropical cloud forest. (en línea). Oxford University Press, Inc. New York, US. Consultado 2 jul. 2010. Disponible en http://books.google.co.cr/

Nieves-Aldrey, J. 1998. Insectos que inducen la formación de agallas en las plantas: una fascinante interacción ecológica y evolutiva. (en línea). Madrid, Bol. S.E.A. 23: 3-12. ES. Consultado 5 jul. 2010. Disponible en http://www.sea-entomologia.org/Publicaciones/Boletines/Boletin23/boletin23.htm

Phillips, E; Powell, J. 2007. Phylogenetic relationships, systematics, and biology of the species of *Amorbia* Clemens (Lepidoptera: Tortricidae: Sparganothini). Zootaxa 1670: 1-109.

PIMA - SIMM (Programa Integral de Mercadeo Agropecuario - Sistema de Información de Mercados Mayoristas). 2011. Informe de plazas por producto–mora (simm@pima.go.cr). Heredia, CR.

Quinche, G. 2009. Control de Botrytis (*Botrytis cinerea*) y mildiú velloso (*Peronospora sparsa*) en el cultivo de la rosa (*Rosa* sp. variedad Forever Young) mediante el uso de *Trichoderma harzianun* Rifai. (en línea). Tesis (Ing. Agr). Riobamba, EC. ESPOCH (Escuela Superior Politécnica de Chimborazo). 78p. Consultado 8 ago. 2010. Disponible en http://dspace.espoch.edu.ec/bitstream/123456789/338/1/13T0631QUINCHE GUIDO.pdf

RAE (Real Academia Española). 2001. Diccionario de la lengua española. (en línea). 22 ed. Espasa Calpe. Madrid, ES. Consultado 18 jul. 2010. Disponible en http://www.rae.es/rae.html

Razowski, J. 1990. Descriptions of some neotropical Euliini and Archipini (Lepidoptera, Tortricidae). (en línea). Miscelánia Zoológica. 14: 105-114. Consultado 23 jul. 2010. Disponible en http://www.raco.cat/index.php/Mzoologica/article/viewFile/90574/169047

Rivera, G. 1992. Descripción y combate de las principales enfermedades de la mora. **In** Manzana, melocotón, fresa y mora. Fruticultura especial 6. Eds. M. Baraona; E. Sancho. San José, CR. EUNED (Editorial Universidad Estatal a Distancia). Fruticultura II. 128 - 132pp.

Rivera, G. 1991. Conceptos introductorios a la fitopatología. EUNED (Editorial Universidad Estatal a Distancia). San José, CR. 346p.

Rojas, N. 2009. *Synoeca septentrionalis* Richards, 1978. (en línea). Consultado 23 jul. 2010. Disponible en http://www.siac.net.co/sib/catalogoespecies/especie.do;jsessionid=B730A8EC51EDC97 97643FAAC09EB4E7E?idBuscar=2970&method=displayAAT

Roubik, D; Moreno, J. 2009. *Trigona corvina*: An ecological study based on unusual nest structure and pollen analysis. (en línea). Psyche: A Journal of Entomology, Vol. 2009, Art. ID 268756, 7p. Consultado 6 jul. 2010. Disponible en http://www.hindawi.com/journals/psyche/2009/268756.html

Salazar, A; Gerding, M.; Luppichini, P.; Ripa, R.; Larraín, P.; Zaviezo, T.; Larral, P. Biología, manejo y control de chanchitos blancos. (en línea). Consultado 5 jul. 2012. Disponible en http://www. inia.cl/medios/biblioteca/boletines/NR37205.pdf

San Juan, A. 2005. The Lurker's guide to leafcutter ants. (en línea). Consultado 5 jul. 2010. Disponible en http://www.blueboard.com/leafcutters/

Schaus, W. 1910. New species of heterocera from Costa Rica. (en línea). **In** The annals and magazine of natural history; zoology, botany and geology. Taylor and Francis. Vol. VI. London. 408p. Consultado 5 jul. 2010. Disponible en https://www.archive.org/stream/annalsmagazineof861910lond#page/401/mode/1up

Scudder, GG; Canning, RA. 2007. Lepidoptera and associated orders of British Columbia. (en línea). UBC (The University of British Columbia). CA. Consultado 3 abr. 2010. Disponible en http://www.zoology.ubc.ca/bclepetal/

Sermeño, J; Rivas, A; Menjívar, R. 2005. Guía técnica de las principales plagas artrópodas y enfermedades de los frutales. (en línea). Santa Tecla, SV. Consultado 23 jul. 2010. Disponible en http://books.google.co.cr

Snowdom, AL. 1990. A color atlas of post- harvest diseases and disorders of fruit and Vegetables. (en línea). Vol. 1. Wolf Scientific. CU (University of Cambridge). London, UK. Consultado 23 jul. 2012. Disponible en http://books.google.co.cr

Smith, IM; Dunez, J; Lelliot, RA; Phillips, DH; Archer, SA. 1992. Manual de enfermedades de las plantas. Madrid, ES. 671p.

Solís, A. 2004. Escarabajos fruteros de Costa Rica (Cetoniinae). Editorial INBio. Santo Domingo, Heredia, CR. 238p.

Strik, B; Martin, R. 2003. Impact of Raspberry bushy dwarf virus on 'Marion' Blackberry. (en línea). Plant Disease, 87(3): 294-296. Consultado 3 oct. 2011. Disponible en http://apsjournals.apsnet.org/doi/abs/10.1094/PDIS.2003.87.3.294

Talavera, M. 2003. Manual de nematología agrícola. (en línea). 43p. Consultado 07 jul. 2011. Disponible en http://www.caib.es/govern/archivo.do?id=37762

Ugalde, J. 2002. Avispas, abejas y hormigas de Costa Rica: Una introducción a las familias de los Himenópteros. Editorial INBio. Santo Domingo, Heredia.CR. 180p.

Ueno, B. 2008. Sistema de produção da amoreira-preta: doenças fúngicas. (en línea). Embrapa (Empresa Brasileira de Pesquisa Agropecuária), BR. Consultado 8 ago. 2010. Disponible en http://sistemasdeproducao.cnptia.embrapa.br/FontesHTML/Amora/SistemaProducaoAmoreiraPreta/doenca.htm

Zumbado, M. 1999. Dípteros de Costa Rica: Purrujas, zancudos, mosquitos, bocones, tábanos, moscas y otros. Editorial INBio. Santo Domingo, Heredia, CR. 144p.

Printed by Books on Demand GmbH, Norderstedt / Germany